PHILOSOPHIE ANATOMIQUE.

GLANDES MAMMAIRES

DES CÉTACÉS.

IMPRIMERIE DE BAILLY,
PLACE SORBONNE, 2.

PHILOSOPHIE ANATOMIQUE.

FRAGMENS

SUR

LA STUCTURE ET LES USAGES

DES

GLANDES MAMMAIRES

DES CÉTACÉS,

AVEC DEUX PLANCHES, FORMAT IN-4°.

Par Etienne GEOFFROY SAINT-HILAIRE.

Utilitati.

PARIS,

Chez L'ÉDITEUR, RUE DE SEINE SAINT-VICTOR, 33.
DEVILLE-CAVELLIN, RUE DE L'ÉCOLE DE MÉDECINE, 10.
ET AU SECRÉTARIAT DE LA SOCIÉTÉ D'HISTOIRE NATURELLE,
Rue de l'Abbaye, 3.

—

1834.

À

Mon Ami

M. le docteur Serres

Chef d'École pour les études anatomiques

EN FRANCE.

PRÉFACE.

Téter devient le premier mot de ce livre, où je me propose d'exposer des recherches conçues en vue d'un savoir mieux défini et plus étendu. *Téter,* ce dont personne n'ignore, ou le pense ainsi du moins, ferait-il question en 1834 ? Et pourquoi pas, si cette forme de pensée publique, admise dès l'origine des langues et instinctive comme tout ce qui est conçu populairement, n'aurait encore apporté à l'esprit que les moindres notions du *tété,* que les seules parties de cet acte phénoménal, qui sont saisissables par le sens de la vue ? De disserter expressément du surplus, les physiologistes se sont *prudemment* abstenus : y soupçonnaient-ils même matière à quelqu'utile instruction ?

Un seul anatomiste l'a entrepris, sans ranger l'intervention de l'air parmi les moyens du *tété :* mais c'est là une grande erreur, si la spécialité de cette fonction repose principalement sur ce que la succion des mamelles introduit alternativement du lait et de l'air dans la bouche des petits. Dans ce cas, le tété serait à l'usage des seuls Mammifères, qui vivent dans le milieu athmosphérique.

Cette distinction faite, les Cétacés sont des

animaux à mamelles, qui, étant constamment immergés dans le milieu aquatique, ne peuvent *sucer*, ni par conséquent TÉTER. Et, en effet, l'examen de ce point donne pour solution que les petits BOIVENT, mais ne *tettent* point le lait des mamelles de leur mère. Une lampée de cette boisson sort chaque fois d'un vaste réservoir, pour tomber dans un récipient de consommation, pour y être chaque fois avalée et consommée dans l'arrière-bouche. Les mères s'occupent elles-mêmes d'opérer ce versement, et elles y pourvoient par la puissante impulsion d'un instrument *ad hoc* qui agit comme ferait une seringue.

Et quand je me laissais aller au courant de ces faits, pour en voir sortir ce joli tableau de mœurs, pour déchirer le voile qui l'avait jusqu'à présent soustrait à nos regards, on s'est élancé sur moi de partout. La Rivalité s'est prise à attaquer la base de ces investigations de philosophie naturelle, ayant d'abord imaginé d'en contester l'opportunité, et étant ensuite venue conseiller de s'en tenir aux livres des Anciens; mais je pouvais mieux faire avec de la persévérance et du dévouement, beaucoup plus *savoir* par des observations directes; et en mesure de rendre encore ce service, je m'y suis appliqué long-temps et *laborieusement*.

———

NAISSANCE

ET

PREMIÈRE ÉDUCATION

DES CÉTACÉS,

D'APRÈS LES ANCIENS (1).

J'ai communiqué à l'Académie des Sciences, en décembre dernier, dans trois séances consécutives sur cette question : *Naissance et première éducation des Cétacés*, des vues assez étranges pour qu'on les ait blâmées comme des idées non assez réfléchies. L'on m'a opposé que cette question avait été agitée dans le siècle des grandes et solides pensées. Et quels précepteurs effectivement pour le genre humain, qu'un Platon, que le savant Aristote! L'on m'a donc ramené sur les écrits des Anciens.

Le respect et la confiance que commandent d'aussi graves autorités n'excluent pas l'examen des faits : et je vais donner lieu de comprendre comment, sur de récentes recherches aussi attentives que consciencieuses, j'ai conçu d'autres vues, j'ai été porté aux pressentimens ci-après.

L'on rencontre parfois comme acquises au domaine de l'esprit humain des propositions qui y auraient pénétré à titre de vérités instinctives et sans examen, de certaines

---

(1) J'ai donné lecture de cet écrit, le 10 février dernier, à l'académie royale des Sciences : le lendemain, il me fut demandé par le rédacteur d'un nouveau journal littéraire, M. Jules Lecomte, et cet article a en effet paru dans les 2ᵉ et 3ᵉ livraisons de cet intéressant journal, ayant pour titre : Le navigateur, revue maritime. (*Note écrite en avril.*)

idées auxquelles il ne reste d'autre mérite que de se perdre
dans la nuit des temps, et qui, à la longue barbe, selon
l'expression pittoresque de Mallebranche, pesant de tout le
poids d'un âge vénérable, opposent alors, sans une raison
suffisante, aux chances d'un esprit sceptique et novateur,
le caractère formidable d'un consentement universel; elles
frappent enfin quelquefois d'une colérique réprobation tout
recours à un nouvel examen, quand il s'agit de choses ainsi
entrées dans les croyances vulgaires.

Mais avant de nous livrer à ces effets de pressentimens
et de doute, nous aurons à vérifier si de certains documens
que nous avons attribués aux Anciens, sont bien textuellement extraits de leurs livres. Voyons d'abord :

Il est bien vrai qu'ils se sont particulièrement occupés de
baleines, de marsouins et de dauphins, de tout le groupe
enfin des cétacés, sous le point de vue de la naissance de ces
animaux et de leur première éducation. Or, ceci nous reporte quatre siècles avant l'ère chrétienne, et nous ramène
d'abord à la lecture d'Aristote, le plus ancien des écrivains
sur la matière que nous connaissions.

I. Des glandes mammaires sans mamelons, au dire d'Aristote.

Discutons en premier lieu ce point de fait; car, au temps
d'Aristote, l'on s'est de bien bonne heure contenté d'une
généralité sur les cétacés; et comme l'on ne dut s'en procu-
rer les élémens que bien difficilement, dans un temps où
des voyages de long cours n'étaient point encore possibles,
et à l'occasion d'animaux qui préfèrent le séjour du milieu
des plus grandes mers, n'aurait-on pas quelquefois rem-
placé le manque d'observations par des déductions instinctives ou logiques? Cela posé, le grand nom d'Aristote, et
tous les souvenirs de son omnipotence intellectuelle, ne
sauraient nous dispenser de rechercher quels furent, pour
le cas de notre spéciale question, les moyens de ce maître,
sa capacité d'observation, et ses ressources d'instruction.

Or, c'est comme naturaliste que nous le trouvons le plus recommandable et le plus souvent cité , et peut-être ne jugerions-nous ainsi de la force de son esprit, qu'en raison de la plus grande utilité de ses livres relativement à nous. Or, les faits qu'il nous a transmis ne caractérisent aucun âge : puisés dans la nature , ils furent dès leur origine et sont de même aujourd'hui des vérités parfaitement aperçues et déjà tout humanitaires ; ajoutons que plus Aristote s'est manifesté à nous par des écrits nombreux et variés, et plus d'occasions et de moyens il nous a fournis de l'étudier et de le comprendre quant à sa capacité.

Maintenant, ce qu'indiquent les ouvrages qui lui sont attribués , c'est que c'était un penseur sur toutes les matières agitées dans le grand siècle de la philosophie ; c'était un philosophe avant tout. Dialecticien habile , métaphysicien profond, écrivain politique , savant grammairien, il était en outre naturaliste , l'historien des faits physiques et naturels ; mais toutefois il n'était naturaliste qu'en raison et sous l'inspiration de ses autres connaissances. Un dernier trait nous importe, c'est que dans le naturaliste furent deux personnes distinctes et successives , comme âge et savoir.

Ce fut d'abord comme philosophe sur l'ensemble des choses , comme écrivain sur toutes les matières agitées dans les discussions du Portique, qu'il écrivit son *Histoire des Animaux.* Alors ce n'était donc point l'œuvre d'un publiciste qui faisait état de recherches et de méditations sur une science spéciale, ce fut uniquement la compilation des idées introduites dans le savoir de son siècle , mais une compilation faite par l'un des plus puissans génies qui aient honoré l'humanité. Tout est dogmatique dans cette *histoire*, et tout s'y ressent d'emprunt fait aux idées alors répandues : et n'omettons pas que c'était à une époque d'un premier cas d'apogée pour la pensée humaine. Ce qui trahit chez Aristote naturaliste un cachet, un caractère d'emprunt, c'est la timidité de ses transcriptions, et je me sers là du mot propre. Hérodote avait vécu et écrit un siècle auparavant ; il avait recueilli de précieux documens des prêtres égyptiens sur les mœurs de leurs animaux. Or, les récits d'Hérodote se trouvent non cités, mais transcrits textuellement dans la grande et belle compilation de notre chef d'école comme naturaliste.

Mais après qu'Aristote eut écrit son histoire des animaux, qu'il eut publié la plupart de ses œuvres philosophiques, et qu'il eut acquis une telle renommée que l'éducation d'Alexandre lui fut confiée, le naturaliste observateur succéda au naturaliste compilateur : aidé par les libéralités immenses d'un prince grand et magnifique, il fit enfin pour son compte état et étude des faits ; ses livres sur *les Parties des animaux* font connaître ces progrès.

Maintenant que trouvons-nous dans l'histoire des animaux concernant la question traitée dans ce présent mémoire ? La famille des cétacés est expressément établie et ainsi nommée par Aristote ; les cas différentiels portent d'à-plomb sur les organes les plus importans, sur la singulière conformation des évents, sur l'absence des membres postérieurs, et en définitive sur la circonstance fondamentale que les organes essentiels répètent ceux des animaux terrestres et obligent les cétacés, toujours immergés dans le milieu aquatique, à respirer l'air en nature. Or, déjà rapprochés de la femme par ces points importans, les cétacés le sont aussi par un semblable mode de parturition et de première éducation des petits. Cette déduction logique était inévitable ; car à l'égard de ce qui restait à demander à l'observateur, l'analogie devint conseillère, et elle porta à conclure définitivement; mais admirez avec quelle sagesse et avec combien de réserve de la part d'Aristote ? Il n'admit pas entièrement les conséquences de cette analogie entraînante; il mit aux récits de son temps quelques restrictions qui lui sont propres. J'emprunte à ses divers livres et chapitres le texte suivant que j'ai lu dans la traduction de Camus.

« Les cétacés forment une famille composée de la baleine, du dauphin et du phocène (marsouin), laquelle habite toujours la mer. Et cependant, à beaucoup d'égards, ils ressemblent aux animaux terrestres : ainsi ils respirent de même l'air en nature, et sont également vivipares ; à d'autres égards encore, une constitution fort extraordinaire les caractérise et les isole : car d'une part ils manquent des pieds postérieurs, et d'autre part leur crâne est traversé par de larges canaux servant à rejeter l'eau avalée. D'aussi larges, d'aussi singuliers canaux méritaient une autre dénomination ; de là le nom d'*évents*. Les cétacés, qui sont vivipares comme les quadrupèdes, ont des mamelles sur les côtés de la vulve, l'une à droite, et l'autre à gauche ; ce sont du moins deux orifices au lieu de mamelons apparens, qui servent à l'écoulement du lait : les petits, pour téter ce lait, marchent à la suite de leur mère. A l'égard des dauphins, l'on tient ce fait de témoins oculaires. »

Comment a-t-on négligé jusqu'ici cette remarque importante : *Point de mamelons apparens, mais deux orifices par où coulent les fluides sécrétés par les glandes ?* Serait-ce l'ensemble de ces récits qui n'aurait point paru à Aristote comporter des détails apparemment vrais ? Il ne les admet que sur la caution de témoignages qu'il invoque, et ordinairement il ne prend point ces précautions. La raison doit se révolter au moment de poser en fait que des petits tettent où ne sont pas des tétines saisissables chez les mères. Une lacune est là comprise, et peut-être elle aura formé chez Aristote son motif d'hésitation, comme on en voit un germe dans le passage cité, en sorte que le fait à compléter l'aurait été mentalement par des motifs ou conclusions analogiques.

Sans doute que de nouvelles informations eussent été nécessaires. Mais le moyen qu'elles fussent données par le successeur du philosophe grec, par l'élégant écrivain d'une *Histoire du Monde*. Pline n'y apporta pas tant de façons, car il ne se croyait appelé qu'à concentrer, dans de brillantes rédactions, des faits qu'il acceptait toujours comme suffisamment appréciés.

Compilateur impuissant à comprendre les rapports d'après lesquels la nature coordonne ses productions, auteur sans critique, ainsi que le présente Cuvier dans la *Biographie universelle*, Pline en vint à tout confondre; il cimenta l'erreur et l'a lancée aux siècles à venir dans ces termes où il ne voulait obtenir que le mérite de la précision : *Nutriunt uberibus delphini*, *sicut balænæ*, etc. Ainsi c'est, selon cette version, par de vraies mamelles que serait distribuée aux cétacés la nourriture du premier âge, sentimens et expressions qui ne tardèrent pas à être amplifiés, quand, dans le traité d'Elien *sur la Nature des Animaux, liv. X, chap.* 8, il ne parut que conséquent à cet autre compilateur, et, à son commentateur Gille, en latin *Gillius*, que des organisations, les mêmes chez la femme et chez les dauphins, ne différassent point en fonctions. L'allaitement sur cette base devenait un fait nécessaire; ce qui fut traduit ainsi : *uberimo lacte lactat*, expressions de la traduction très estimée de Gronovius.

Cependant dès 1672, une protestation contre ces faits et leur interprétation avait paru dans les *Ephémérides des Curieux de la Nature*. Ainsi, Major, en y donnant l'anatomie d'un marsouin, s'était inscrit en faux contre l'assertion de Pline, et contre la caractérisation confirmative que Merret semblait insinuer dans la phrase *fœtu lactante*. Mais les narrations de Pline et d'Elien n'en furent point ébranlées dans la suite, surtout depuis les classifications de Linnéus, réglées sur l'opinion admise que les cétacés étaient entrés parmi les mammifères en raison des mêmes conditions d'organisation et de fonction.

Revenons sur les récits d'Aristote pour les mettre en

regard des idées aujourd'hui données par de nouvelles observations. Il est certain qu'il n'y aurait à y reprendre qu'une seule circonstance, celle où il donne la spécification du fluide émis par les glandes. Car j'ai rétabli les faits dans mes lectures de décembre dernier ; savoir : le 16, ayant démontré qu'en raison de l'absence des vraies tétines et de l'inaptitude d'une succion coïncidente chez les petits, la lactation était impossible et interdite à ces derniers ; le 23, en donnant la spécialité de structure *très différente* des glandes nourricières, et le 30, quand j'ai eu révélé (1) la nature des fluides émis. Peut-être l'inexactitude du récit d'Aristote tiendrait plus à un défaut de clarté dans l'expression que dans la pensée du naturaliste ; et c'est du moins ce que je pense, si au lieu de la locution suivante, qui est dans l'original, savoir : « Les petits des dauphins « tettent le lait de leur mère en nageant à leur suite, » la phrase était corrigible et pouvait être entendue comme il suit : *Les petits des dauphins se nourrissent de fluides émis par leur mère, dont ils ne quittent jamais à cet effet les côtés.*

Il faut croire que c'est ainsi qu'en a jugé Rondelet, savant en la matière. Voici ce que je lis dans ses œuvres, édition de Lyon, 1558 : « La femelle possède à l'entour « de sa nature deux mamelles sans bouts ou papillons ; au « lieu de ceux-ci sont deux tuyaux, un de çà et l'autre de « là, par lesquels sort le lait, qui est reçu par les petits, « ceux-ci suivant leur mère. »

---

(1) *Révélé ?* Toutefois, sauf la confirmation d'un nouvel examen, dont j'attends les moyens d'action du zèle éclairé et du patronage gracieux de M. l'amiral ministre de la marine, et de l'habile chef de ses bureaux pour la police de la navigation et des pêches maritimes, M. Marec. Des dauphins sont par eux demandés dans nos ports, destinés à ces recherches de philosophie naturelle.

II. D'une certaine impuissance pour le mouvement chez les cétacés
après naissance, et des compensations, au dire des Anciens, s'em·
ployant à y remédier·

Le sujet de cette seconde question me fut d'abord fourni
par une remarque d'Aristote, donnant un fait de mœurs
tout à fait imprévu, dont on s'est depuis lors beaucoup occupé, mais évidemment sans l'avoir compris dans son essence comme dans sa réalité ; de plus, on l'aurait encore
si peu employé, qu'il passe, de nos jours, pour ignoré.

Le livre VI, chapitre 12, de l'Histoire des animaux
contient ce passage : « Les dauphins et les marsouins ont
« du lait dont ils nourrissent leurs petits, et, alors que
« ceux-ci ne sont point encore grands, ils les retirent en
« eux-mêmes. »

Le lieu où les petits sont abrités reste indéterminé dans
ce passage. Gaza, dans sa version latine, croit éclaircir ce
texte obscur en substituant à la phrase d'Aristote, *ils les
retirent en eux-mêmes*, une leçon empruntée aux écrits de
Pline l'ancien, celle-ci : *gestant fœtus infirmos infantiâ.*
Mais, d'une part, cette substitution présente l'inconvénient
de ne point rendre le texte de l'auteur traduit, et, de l'autre,
elle ne nous apporte aucune lumière sur la nature du lieu
où s'effectue la retraite des nouveau-nés. Camus, dans
ses annotations sur Aristote, mentionne que la bouche des
mères en est le lieu. Mais ce renseignement, qu'il déclare
avoir puisé chez de certains commentateurs, il le rejette
et le tient pour un fait incroyable : C'est tout au plus,
ajoute-t-il, si l'on peut accorder que ce serait avec les dents
que les petits sont saisis. (*Il a peut-être pleinement raison*).

Pline, qui parle de la grande affection des cétacés pour
leurs petits, reste tout aussi inintelligible sur les effets de
cette grande tendresse des mères pour leur progéniture :
il les montre prenant à tâche de les porter, tant qu'ils ne

sont point encore en état de nager, tant qu'il leur paraît nécessaire de les préserver contre l'excès de faiblesse de leur premier âge : *neque etiam gestant fœtus infantiá infirmos*. L'un des traducteurs de Pline, le professeur Gueroult, complète ce sens, mais par une addition toute de son invention ; car il interpole, de son chef, ces trois monosyllabes *sur le dos*.

Solin (1), qui se contente, le plus souvent, de répéter Pline, avait été plus explicite. *Delphini teneros in faucibus receptant*, avait-il écrit, en se fondant probablement sur quelque variante d'Aristote, qui ne sera pas parvenue jusqu'à nous. Elien et tout le long commentaire de Gille (*Gillius*), reproduisent la même opinion, et tous deux ne songent, dans cette citation, qu'à établir, en alléguant ce fait, comment et par quel déploiement de tendresse les femelles des dauphins veillent sur leur progéniture. Les petits nagent près de leur mère, rangés à portée de l'œil et de la commissure des lèvres, de façon que, de temps en temps, la mère, les croyant exténués de fatigue, les prend et les place dans son vaste gosier, ample domicile que les auteurs cités plus haut qualifient de vraiment maternel, *os maternum*.

S'il en est ainsi, voilà donc la cavité buccale transformée en une caverne, en un lieu de refuge, en une sorte de

---

(1) Solin, en traitant du fait des jeunes cétacés retirés en dedans de leurs mères, n'a point cité la source où il avait puisé ce renseignement. Des recherches tardives m'apprennent que c'est dans Philostrate, sophiste et rhéteur à Athènes, et dans le second article d'une vie d'Appolonius de Thyane. L'auteur, pour montrer le degré d'affection des mères pour leurs petits, rapporte « que dans le cas d'un danger imminent de la part d'un ennemi redoutable, *Bellua major*, elles les retirent en elles-mêmes au fond du gosier (*in faucibus*), et que c'est en les saisissant par la bouche qu'elles parvenaient à les protéger efficacement. » Philostrate vivait au temps de Septime Sevère. (NOTE *écrite en avril.*)

bourse, tenant de la manière, et passant à l'utilité de la poche des kangurous.

Or, que la docte Antiquité, en nous transmettant ce joli tableau de mœurs, pour ne l'avoir fait utilement qu'aujourd'hui, ne doive rencontrer que défiance et réflexions sceptiques, *peut-être*. Ce point va être examiné. Et d'abord, je pense qu'il n'est pas à propos de se laisser dominer par le fait d'une impression, surtout aussi peu motivé que l'occasion d'une surprise. Ce joli tableau de mœurs nous parvient sous la garantie : 1º d'une narration historique ; 2º d'une probabilité, qui équivaut presqu'à la certitude, en tant que justifiée par une étude confirmative des appareils ; et 3º de l'autorité des faits nécessaires.

Rien de cela ne fut aperçu par Camus : tout à sa préoccupation dans ses annotations sur Aristote, que ce fait qu'il rapporte est dénué de vraisemblance, il le rejette à titre d'*incroyable*. Cependant je ne vois pas pourquoi cette singulière habitude devrait n'être point appréciée et placée au nombre de ces ressources infinies qui sont dans les moyens et les allures des choses ; comment elle ne révèlerait point l'un des cas de cette activité incessante et merveilleuse semant la variété dans l'unité, et d'où viendrait qu'on se refusât à y reconnaître un trait de plus pour ces tableaux exquis, qui, au jugement des Grecs, témoignent de l'*ingéniosité* de la nature : *ingeniosa natura*, ont dit et sans cesse répété les Anciens.

Avant d'en venir à l'examen des trois considérations indiquées plus haut, écartons, s'il se peut, une grave objection contre les conclusions que nous allons formuler. Le volume du sujet à renfermer dans le contenant spécifié ou dans l'entre-deux des mâchoires, est plus grand de l'étendue du tiers au cinquième, en admettant ces deux points : 1º que le petit serait placé longitudinalement, et 2º que la cavité buccale serait reconnue entière du point des arrières-narines au bout du museau. Mais, à cela, il y a à répondre que la queue du petit peut pénétrer plus avant dans le gosier, et dépasser ainsi l'entrée du conduit aérien en s'enfonçant dans l'œsophage ; ce qui serait parfaitement conforme au narré aristotélique : *les mères retirent leurs petits en elles-mêmes*. On peut encore admettre que la queue peut décrire un quart de cercle autour et en travers du larynx, et que le petit parvient ainsi à se blottir dans la seule cavité buccale. Quoi qu'il en soit, un tel arrangement ne peut convenir que pour les premières journées du jeune sujet : son accroissement est très rapide.

Si nous avions affaire à une cavité buccale établie à l'ordinaire, sans doute la critique de Camus serait fondée : une telle bouche ne saurait impunément renoncer à tous ses services, et obtenir la sorte d'inaptitude, d'indifférence, et, en quelque sorte, de neutralité, pour que le sujet en elle déposé n'en souffrît pas. Ce que nous devons attendre de ce qui est ci-dessus historiquement exposé, c'est que là soient les avantages d'une sorte d'hébergement momentané pour les petits, tout le temps qu'ils ne pourront (*teneros aut infantiâ infirmos*) supporter l'exercice de la natation (1). Il y aurait absurdité, comme l'indique Camus, à croire à de tels usages, si la bouche n'offrait pas une dimension en quelque sorte extraordinaire ; absurdité, si elle conservait ses fonctions nombreuses, nécessaires et exclusives ; absurdité, enfin, si c'était toujours une voie extrêmement passagère, un théâtre où les scènes les plus variées et les plus irritantes se renouvellent sans cesse. A tous nouveau-nés, pour qu'ils puissent traverser heureusement tous les orages des premières journées, il faut des soins providentiels, d'assidues précautions. Et ce serait le contraire qu'ils encourraient, exposés qu'ils seraient à la route des gaz expirés et de toutes les exhalaisons sortant en même temps de l'estomac et du poumon, s'il n'était à cela pourvu par une modification des conditions ordinaires, par des arrangemens nouveaux qui rendent tout à fait salutaire la chambre de passage, en ce cas vraiment tenable.

La cavité buccale des cétacés, avons-nous dit dans un précédent Mémoire sur les appareils de la déglutition, forme un bec avancé d'une grandeur démesurée, une sorte de promontoire à la tête, qui, dès lors, nous avait paru sortir du caractère de ses attributs pour toute localité intra-maxillaire, et qui, aujourd'hui, sous le nouveau point de vue où nous place la question de ce Mémoire, nous paraît offrir, d'une manière vraiment merveilleuse, un suffisant emplacement pour recevoir le nouveau-né.

Car ce n'est pas seulement par son caractère d'étendue et son anomalie à cet égard, que ce nouveau domicile du jeune sujet lui est approprié; c'est mieux, c'est par une sorte de renonciation à la plupart de ses anciens services. Or, voyons comment, et, en quelque sorte, par quelle prévision intelligente! L'exigence d'un poumon destiné à respirer l'air en nature, et à le faire en dedans des milieux aquatiques (les cétacés y restant constamment immergés), cette exigence cause une grande révolution dans le crâne : car ce qui était appelé à devenir un long canal nasal pour continuer et prolonger les conditions communes des mammifères, est modifié de manière à se relever en un conduit vertical, toutefois sans l'accompagnement des maxillaires, lesquels restent, au contraire, longitudinalement étendus par devant. Les orifices externes de ce conduit olfactif, ou les évents, sont donc rejetés très en arrière. Ainsi toutes les appartenances de ces organes s'entassent autour de ce point, et le canal nasal, réservé seul au jeu de l'organe respiratoire, reçoit la trachée-artère, ou du moins tout le larynx qui la termine; composition fort extraordinaire, qui, sous le rapport des fonctions, ne correspond plus à ses données analogiqnes, et dont les fonctions, ainsi changées, ont fait croire à Aristote d'abord, et, depuis lui, aux anatomistes, qu'il existait là un appareil nouveau, une nécessité, par conséquent, d'y consacrer le mot d'*évent*.

Maintenant pesons les résultats de ce désordre apparent. Les évents, ou les entrées nasales, interviennent dans le milieu de la face ; et, par conséquent, plus d'emplacement qui suffise pour les appareils de la vue et du goût, tous les deux étant précédés et commandés par celui de l'odorat. Ces appareils n'existent donc qu'entassés, amincis sur le centre, et renvoyés avec étendue sur les côtés. L'œil est tout près et derrière la commissure des lèvres, d'où il arrive que la tête paraît composée de deux plans, savoir : l'extérieur, étant l'espace triangulaire formée par les maxillaires, et le postérieur, qui se compose de tout le surplus des organes; c'est-à-dire qu'antérieurement il n'y a plus que cet ample promontoire intra-maxillaire, qu'il n'est que juste de reconnaître et d'admettre pour hors-d'œuvre.

C'est de ce hors-d'œuvre, grand et spacieux, que se compose, sinon le domicile de première éducation des jeunes cétacés, du moins un lieu de dépôt et d'hébergement momentané, devant arriver au secours de la débilité des premières journées, *infantiâ infirmos*. Car les grands organes, qui ont atteint dans le canal nasal ou le débouché des évents une autre route d'évacuation plus facile, laissent l'autre en hors d'œuvre dans un état de neutralité parfaite : les petits y restent déposés sans y être affectés désagréablement : la bouche ne retient de ses autres emplois que la faculté de happer et de saisir la proie, d'y devenir un instrument de pêche. Dans les momens que dure cette action, les petits sont déposés dans le milieu aquatique ambiant, pour être repris peu après, et redevenir de nouveau les objets de la prédilection maternelle.

Est-ce assez de garantie pour être cru, assez pour établir que ce tableau de mœurs nous soit parvenu comme un fait historique, et que, dans l'exposé précédent, il apparaisse comme un cas possible? J'y vois encore intervenir l'action des faits nécessaires. Il me semble que cette habitude arrive là nécessairement pour harmoniser tous les cas d'anomalie, toutes les sortes d'exigences d'une organisation soumise à ces deux influences contraires et prédominantes qui président à la formation des cétacés, savoir : la respiration de l'air en nature, et l'immersion incessante dans le milieu aquatique.

Allons au développement de cette proposition.

A-t-on assez réfléchi aux faits de gestation et de naissance chez les cétacés ? 1º L'absence du bassin n'impose point une limite qui fasse obstacle au développement longitudinal du fœtus : il ne reste du bassin qu'un débris d'osselets en travers et suspendus aux chairs. Ceux-ci supportent la tête du fœtus, et la queue grandit dans l'abdomen en s'enfonçant dans les intestins et le long des viscères pour la formation de l'urine. Rien donc n'obvie, et, au premier ressentiment d'une surcharge sanguine, l'heure de la parturition est venue.

2º Il est dans l'essence d'une peau épaisse et lardacée, qui enceint un fœtus de cétacés, de le faire, comme s'il occupait le centre d'une fourrure épaisse et non conductrice de la chaleur ; il est du moins là une cause d'influence pour un développement irrégulier. Le cœur, vers sa portion diaphragmatique entre les oreillettes, n'est point fermé : ce fait, de condition embryogénaire, se nomme *trou botal*. Le sujet arrive au terme de gestation en conservant cette imperfection ; mais, de plus, à sa sortie du sein maternel, où il était parfaitement garanti de l'impression du froid , il est tout à coup livré à cette fâcheuse influence. Il s'agit donc de l'empêcher de succomber à cette cause subite de souffrance, et l'instinct des mères ne manque point alors d'user de toutes leurs ressources : *elles le retirent au fond d'elles-mêmes.*

Mais, de plus, cet instinct, qui les anime et les tient en prescience, leur inspire, au moment de mettre bas, d'aller gagner des havres, des anses de rochers, des lieux sans beaucoup de profondeur d'eau. Le soleil élève la température de ces localités, qui deviennent, pour ces nouveau-nés, un lieu de dépôt supplémentaire, et comme de nichée.

Les Grecs avaient porté leur attention sur ces actes de prévoyance maternelle; et sachant que les cétacés, toujours immergés dans les eaux de la mer, sont en fréquentation continuelle avec les côtes, ils en avaient pris sujet de les nommer des animaux de double vie, *des bêtes de double nature, et qui vont tant dans l'eau que sur la terre* (1).

L'on conçoit la nécessité d'une compensation, si les cétacés naissent plus incomplétement organisés et plus frêles que la plupart des mammifères nouveau-nés; de là les besoins de l'assistance maternelle et l'à-propos du domicile buccal, lequel d'ailleurs ne saurait convenir que pour les premières journées après la naissance, vu l'extrême rapidité de l'accroissement des cétacés. Il ne fallait donc rien moins que ce concours d'événemens pour assurer la perpétuité de l'espèce.

En définitive, je laisse à juger s'il existe là suffisamment de motifs pour que nous dussions croire aux récits des anciens, touchant les cétacés à leur entrée dans la vie, et s'y engageant dans un état de souffrance, *infantiâ infirmos;* et si, quant aux premières journées, les mêmes compensations qu'aux kangurous ne leur ont point été ménagées et accordées par la nature. A un cri d'appel, les petits marsupiaux sont ralliés; un asile leur est offert, où ils se blottissent pour que leurs mères les emportent au loin et les sauvent de tout danger.

Je termine par une dernière réflexion, c'est qu'il ne convient point, dans tous les cas, d'ériger en principes

(1) BELON, *Nature et diversité des poissons*, liv. Ier, chap. IV.

absolus même les plus judicieuses propositions, ce qu'on a cherché à faire de quelques-unes de l'antiquité, en ce qui concerne les cétacés : car il est parfois à propos que de telles généralités promulguées soient considérées comme l'œuvre d'une élaboration non encore achevée. Toutefois, je ne veux pas dire par là qu'il faille se garder d'honorer, par une présomption respectueuse, par une prédisposition confiante, le savoir du grand siècle de la philosophie : seulement, ce que je souhaite, c'est qu'au fur et à mesure que l'horizon des recherches s'agrandit pour et par des observations fructueuses, serait-il même question des ouvrages des anciens, nous ne nous dispensions pas d'y donner une nouvelle attention et d'aller y réétudier, dans le caractère des expressions employées, certaines nuances jusque-là inaperçues, et le principe de quelques documens et d'utiles éclaircissemens; car il y a souvent, comme dans la circonstance présente, moyennant l'inspiration de quelques nouvelles vues, plus de vérités à trouver encore qu'on ne le croit généralement.

J'ai rappelé plus haut que j'avais clos l'année 1833 par trois lectures consécutives, les lundis 16, 23 et 30 décembre; et là je signalai certaines imperfections de structure chez les cétacés, au moyen desquelles leurs petits étaient lancés dans d'autres arrangemens et appelés à user d'habiletés, pour s'accommoder de quelques curieuses modifications affectant le système commun des organes de lactation, mais toutefois les affectant de manière à ce que les petits cétacés pussent tout aussi bien que d'autres de leurs congénères, et, dans ce cas, par des voies et procédés différens, obtenir de leurs mères leur alimentation quotidienne de premier âge. Les lectures du 16 et du 23 ont paru dans la *Gazette médicale*, premier et second numéros de 1834, et celle du 30 sera donnée ci-après.

J'avais fait les dispositions les plus diligentes pour que le mémoire du 23 fût accompagné d'une planche, à laquelle il devait servir de commentaire. Cette planche ne fut point prête à temps, et elle me resta. Ce sont cette planche et une explication nouvelle, qui sont le sujet du présent écrit.

J'avais, pour une pareille œuvre à produire, j'avais, dis-je, dans l'esprit de certaines vues d'induction : et, pour en être secondé merveilleusement, j'allai procéder sur un très petit théâtre d'exploitation, me procurant cet avantage que tout m'apparaîtrait à la fois, les faits d'ensemble, comme ceux de détails. Hunter ne fut pas servi en 1787 par une aussi précieuse chance quand il entreprit de donner l'anatomie d'une grande baleine. Puis, c'est à la fois de toutes les parties de cette grande baleine qu'il s'occupa, et moi, tout au contraire, j'en vins à concentrer mon attention sur un seul appareil, sur la glande mamellaire, dont, en raison de ses très petites dimensions dans un fœtus, je ne devais, certes, nullement méconnaître les curieux rapports quant à ses diverses parties.

Ajoutons que c'est aussi une chose bien différente que d'écrire sur l'organisation des animaux en 1833 ou en 1787, et qu'aujourd'hui les progrès de la science, riche d'expériences et de principes, portent à des prévisions de recherches qui avaient manqué en 1787 à Hunter. L'anatomie humaine formait alors le type auquel toutes les études sur les animaux étaient ramenées. Ce grand maître voyait bien dans quelle mesure existaient des différences; mais il cédait à l'usage de son temps de les négliger en application, n'y cherchant point encore un principe commun et dominateur, le caractère d'exister les unes en vue des autres. Une telle négligence de ces rapports, qui révèlent cependant les moyens d'une parfaite coïncidence d'harmonie, forme l'une des brillantes conquêtes de l'esprit humain dans l'époque actuelle.

Si donc je rappelle ces idées générales qui témoignent de l'état de premier âge et de l'impuissance ancienne de la science, c'est que je crains que des remarques que j'aurai à produire sur les travaux anatomiques de Hunter, en ce qui concerne l'anatomie des baleines, ne soient attribuées à l'intention de rabaisser le mérite de l'illustre anatomiste de l'Angleterre. Nulle gloire au contraire ne fut plus grande ni plus légitime en 1787 que la sienne, car il fit véritablement preuve de tout le talent possible alors.

Toutefois en ce qui regarde les organes d'alimentation des petits, on est forcé d'admettre l'influence des temps. Hunter a vraiment disséqué et a écrit sous la prévention que, à part les différences de volume, chaque sorte d'organe répétait la même structure que chez la femme : ainsi il aurait fait mention de choses nouvelles, en n'en comprenant pas l'importance, et en n'insistant nullement sur leur caractère de nouveauté. Ceci explique comment le travail de Hunter n'a pas retenti dans la suite, et comment il n'a inspiré ni Camper, ni Cuvier, qui se trouvaient cependant dans l'obligation de traiter des mamelles des cétacés, et qui n'eussent pas manqué de poursuivre et d'étendre les découvertes du maître leur prédécesseur.

. Mais ce n'est pas le moment, de dire quelles difficultés devaient être surmontées pour comprendre, conformément à leurs données *cétacéennes*, l'état spécial des organes, et pour y trouver un fait d'influence de l'essence du milieu environnant. Je l'ai fait le 11 mars dernier dans un mémoire *ad hoc*. Je reviens à l'objet du présent écrit, l'explication de ma planche d'un fœtus de baleine.

Une fatalité s'était attachée à mes plans de recherches. La science était muette dans ses livres, et elle était aussi privée d'utiles matériaux dans les dépôts ou collections publiques que je n'avais pas manqué d'aller compulser, attendu qu'une dissection bien faite contient déjà les élémens d'un bon mémoire. Je fus huit mois en quête de sujets ; et ce fut inutilement que M. le docteur Jules Guérin me ménagea à Dieppe les soins d'une maison de commerce. Devais-je dans ces circonstances m'attendre que ce désappointement cesserait aussi singulièrement, et que ce serait pour une observation sur les baleines que je commencerais ma série de recherches ? Cela fut cependant ainsi.

Un jeune officier de santé, M. Roussel de Vauzème, arrivait de voyage et d'une expédition contre les baleines. Il en rapporta dans l'alcool un baleineau à l'état de fœtus et du sexe féminin.

Ce jeune savant devait employer ce fœtus pour des recherches anatomiques, qu'il est fort en état de suivre et de rendre très intéressantes. Je pensai donc qu'avec de tels projets il se montrerait très difficile sur une demande que je lui adressai, sur mon désir de consulter sa pièce. Il y acquiesça au contraire, et je ne lui en dois que plus de reconnaissance. Je le prie d'agréer mes bien vives actions de grâces de ses procédés singulièrement bons et gracieux.

J'ai donc saisi avec empressement cette occasion de donner à la science l'information et le dessin qui y étaient désirables alors. Je ne connais de figuré qu'un bout de sein de baleine par Ruisch, circonstance signalée par M. Duméril dans un rapport qu'il fit le 7 avril dernier à l'Académie des sciences. J'aurai plus tard à prévenir contre une chance d'erreur à y venir puiser, puisque, donné par Ruisch pour tout l'organe mamellaire, ce bout de sein ne représente que la neuvième partie de l'organe.

Tout cet organe dans son état de premier âge (1) est apparent dans ma planche où je l'ai seul représenté de grandeur naturelle. Les proportions de chaque chose sont donc visuelles ; je les exprime toutefois en chiffres et paroles comme il suit :

Fig. I. Longueur de la fente vulvaire, *Lett.* C, — 15 lignes ; plus loin et en arrière est l'anus B : sa largeur est de 1 à 2 lignes ; la distance de l'extrémité de la vulve de 3 (2). Vers le haut et dès la naissance de la vulve apparaît le clitoris, saillant surtout à son sommet, et que nous avons vu excéder ici et sortir de 3 lignes. Enfin, vers l'un et sur l'autre côté de la vulve et à la distance de 5 lignes, existe un méat de sécrétion de forme ovalaire et sans grande profondeur.

La peau se voyait déjà épaisse et lardacée dans ce sujet à l'état fœtal. Mon jeune ami, M. Martin Saint-Ange, a fait la dissection, ayant bien voulu m'aider à la fois et de son scalpel et de son crayon, et justifiant là ce que ses importans travaux ont fait connaître de lui, qu'il réunit dans le

(1) La figure iv n'en fait point partie,

(2) Dans les *Delphinus*, la fente vulvaire se prolonge jusqu'à s'étendre sur l'anus même.

même degré les deux mérites du savant et de l'artiste.

Cette première figure que j'examine se compose de deux plans, l'un superficiel (*couche abdominale externe*), et l'autre profond (*couche intrà-musculaire*) : elle représente un morceau coupé carrément où sont visibles en dehors les parties ci - dessus énumérées. Les glandes FF sortent de dessous les lames superficielles pour gagner la région ombilicale. Elles apparaissent sous la forme d'un champignon écrasé, ayant une tête renflée et arrondie. Un pédicule plus large en haut et plus étroit en bas arrive au méat excréteur. Notre discrétion nous a interdit d'aller vérifier si un canal existait à l'intérieur : c'est présumable. Le débouché de chaque glande arrive alors au méat, lett. E. Ce qu'on y voit, c'est uniquement une fente peu profonde : rien là ne porte à l'esprit l'idée d'un bout de sein ; mais c'est une partie non développée qui existe chez un être appelé à bien d'autres développemens. Qu'on veuille prendre la peine de consulter l'épaisseur du pourtour du parallélogramme, fig. I, et on jugera par là de celle de la peau elle-même.

Fig. II. L'on a fait une section le long du méat mamellaire et mis à nu la glande située dessous. L'on a été jusque sur la glande elle-même, c'est-à-dire que l'on a fendu les aponévroses, en dedans desquelles elle se trouvait abritée et renfermée. Ainsi sa tête renflée est là apparente avec un entourage en manière de bourse. De nombreux vaisseaux se ramifiaient à la surface, et généralement tout passait à l'aspect d'une glande de pancréas.

Les lettres renvoient comme il suit :

AA, le derme; BB, ligne d'opération et rejet à droite des tégumens détachés; C, épaisseur de la peau lardacée; D, portion, vue extérieurement de la bourse, renfermant la glande; E, la glande recouverte de ses vaisseaux, et F, coupe sur la bourse à parois charnues extérieurement.

Ce qui m'a apparu dans cet arrangement, c'est que la glande a profité des parois réciproquement affectées aux muscles, les uns situés au devant des autres, pour s'intercaller dans leurs intervalles, et y prendre son assiette. Les parois de la bourse apparentes autour d'elle sont les aponévroses de ces muscles, et la détermination de ceux-ci n'offrait rien d'équivoque. Les fibres répandues sur la couenne de lard forment un fort muscle peaussier, et plus profondément sont de longues portions des muscles abdominaux. La glande est donc renfermée dans un véritable manchon musculaire.

Le professeur d'histoire naturelle de Tubingue, G. Rapp, a parlé de quelque chose allant à cet arrangement; c'est dans un travail assez étendu, qu'il a placé dans les Archives de physiologie alors dirigées par Meckel, cahier de décembre 1830. Ce savant professeur a très bien reconnu la disposition des muscles et jugé de leurs usages, attribuant à ces muscles le pouvoir d'éjaculer le lait.

Je crois toutefois que je conserve la priorité sur lui quant à cette curieuse circonstance; vraie et importante découverte en raison du caractère et de la puissance d'intervention de ce service. On en jugera d'après l'allégation suivante :

J'aurais en effet le premier annoncé le pouvoir des mères, d'éjaculer les fluides contenus dans leurs glandes mammaires, et d'y pourvoir par un acte spontané, décidément voulu par elles, et de plus providentiel. Cet acte retire l'activité au petit pour le reporter de fait à sa mère, et il devenait par ce croisement de relations une des nécessités du développement de l'organisation des êtres marsupiaux, attendu qu'il arrive à leurs fœtus suspendus aux tétines d'être déjà des sujets esquissés sans qu'ils possèdent pourtant des organes achevés, ceux surtout employés dans le phénomène de la succion. Ce pouvoir d'éjaculation du lait chez les mères, ce pouvoir correcteur d'une première imperfection, je l'avais déjà vu et constaté en 1827. Ce fut sur un exemplaire qui me fut remis par le médecin de la marine, M. Busseuil, homme aimable, enjoué, et possédant aussi une très solide instruction. Il arrivait d'un voyage autour du monde, exécuté sur une corvette de l'état, *la Thétis*, laquelle avait été commandée par le digne fils du célèbre Bougainville.

Ce fut dans le Kangurou que je découvris ce point si curieux d'organisation. La glande mammaire n'est pas entièrement entourée de fibres musculaires, ce qui est le cas des Cétacés et des Monotrêmes : c'est toute la surface externe de la glande qui s'en trouve recouverte. Des digitations musculaires viennent aider à la compression de l'organe et au jet des fluides. Cette sorte de muscle choanoïde m'a paru tellement remarquable, que j'en ai joint la figure à mes planches alors en publication, destinées à l'étude des organes sexuels de l'ornithorinque. (*Voyez* Mémoires du *Muséum d'histoire naturelle*, texte page 48, et planche ii.)

Fig. III. Le fœtus de M. Roussel de Vauzème portait un long cordon ombilical ; j'ai cru y apercevoir quelque chose de plus compliqué qu'aux cordons analogues des autres mammifères, et j'en ai séparé une tranche, qui est ainsi devenue le sujet de ce n° 3. AA désigne le derme du pourtour, BB les deux artères, CC les deux veines, D un grand sinus veineux, et E le sillon qui se voit près l'artère surnuméraire.

Fig. IV. Ce numéro est étranger à la baleine ; il représente dans un grand état de confusion une partie mamellaire d'un dauphin. Telle était sur la fin de 1833 la pauvreté de mes sujets d'observation, que je recourais aux moindres lambeaux. Or c'était une pièce dans un état à mériter ce nom que j'ai pu extraire d'un des bocaux de notre collection d'anatomie. J'ai souhaité voir au fond du sillon mamellaire et arriver sur la tétine qui devait s'y trouver. L'ardeur de ma recherche fut récompensée à quelques égards ; car, bien que les parties se trouvassent racornies et résistantes sous le doigt en raison de leur long séjour dans l'alcool, il me fut pourtant possible d'y vérifier le fait annoncé en 1681 par Jean-Daniel Major, et d'y rencontrer la circonstance que ce prétendu bout de sein n'était point terminé en tête d'arrosoir, eu égard au grand nombre de ses issues de sécrétion comme chez les vrais mammifères, mais que c'était un canal avec un large et unique pertuis, lequel répondait à la pensée de Major exprimée par ce redoublement d'insistance : *Quod curiositatem magis, magisque augebat, hæ glandulæ stylo permeabiles erant.*

Voilà ce que j'ai tenu, contre l'avis de M. le docteur Martin Saint-Ange, à faire représenter, et ce qui n'a pu être fait que très obscurément. Nous comptions donner une coupe de l'appareil, c'est-à-dire la coupe du prétendu bout de sein et définitivement la vue de son canal intérieur. La planche, pour comble d'accident, a craché en noir, expression des lithographes, et le résultat de cet effort est devenue une chose insignifiante.

Cependant cela prouve un fait, ce sont mes tentatives ardues pour aller déterrer jusque dans d'assez misérables débris des renseignemens nécessaires à l'exposition des faits. Or, ce zèle constant pour la recherche de la vérité, n'est-ce pas cela que l'on serait venu encore me contester durant la dernière discussion que l'on m'a suscitée ? Mais laissons dire : le public n'accorde d'estime qu'au vrai des choses, et je me confie dans cet avenir.

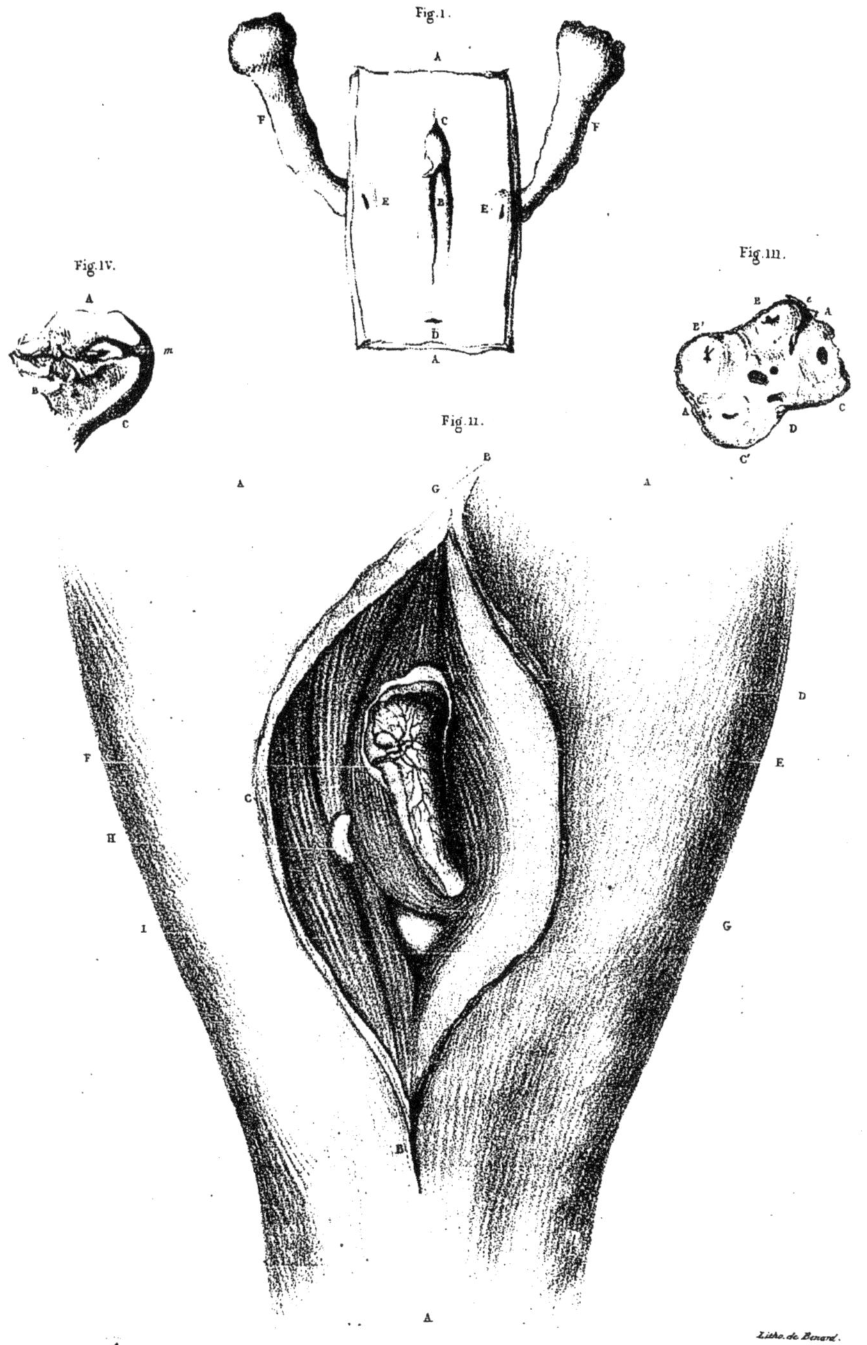

Apparail pour la nourriture des nouveaux nés chez la Baleine.

MÉMOIRE *sur les* GLANDES MAMELLAIRES, *pour établir que les Cétacés n'allaitent point comme à l'ordinaire leurs petits, et que ces animaux pourraient s'en tenir à être nourris de mucus hydraté !*

Lu à l'Académie des sciences le 30 décembre 1833.

Nous touchons au moment de donner la définitive solution de cette importante question, que j'avais soulevée au commencement de cette année (1). En effet existe-t-il pour les nouveau-nés, chez les Mammifères, deux modes différens au moyen desquels les jeunes sont différemment nourris, soit que les mères y pourvoient par une lactation immédiate, soit qu'elles n'y parviennent qu'indirectement, pour fournir par elles-mêmes à un rejet de fluides, sécrétant en vue d'elles, et pour se soulager d'engorgemens qui leur pèsent ?

Ce qu'on savait jusqu'ici et ce qu'on redit sans cesse, c'est que tout Mammifère nouveau-né, par l'effet d'une admirable prévoyance de la nature, est mis dès sa sortie du sein maternel en pouvoir de l'exercice de la vie de relation, à l'aide d'une alimentation appropriée à la débilité de ses facultés, et qu'à cet effet il existait chez les mères un fluide *sui generis*, le lait, lequel n'apparaissait qu'avec l'exigence de ce besoin. Ainsi, des

(1) Voyez *Gazette médicale*, février 1833, p. 157. J'ai pris foi alors dans le pressentiment que sous peu les animaux monotrémiques donneraient leurs faits anatomiques et physiologiques d'une manière incontestable.

glandes qui ne s'emplissent que dans ce moment, et, selon qu'on le supposait, pour devenir l'effet d'une telle cause et d'aussi puissans moyens dans ce cas adventif et préfixe, feraient jouer aux mères un rôle de sacrifice et de dévoûment. Car cet arrangement entraîne pour elles la nécessité de supporter qu'elles soient sucées, tétées, et décidément épuisées d'une nourriture prise sur leur propre substance. Ces glandes ainsi mises en jeu sont considérées comme d'une composition expresse et spéciale, et comme uniquement propres pour une fonction aussi bien circonscrite que parfaitement caractérisée : en raison de l'objet de leur destination et de leur usage, elles sont nommées *glandes mammaires*, et plus simplement *mamelles*.

Voilà des arrangemens autrefois connus, dont l'appréciation ne laisse rien à désirer. Cependant en serait-il d'autres ? Y aurait-il aussi aujourd'hui, donnée par les vues d'une étude progressive, une autre sorte de ces appareils (1) ? Dois-je encore parler d'autres mamelles, autres par une structure différente, auxquelles une partie seulement de ces attributs convînt alors, différenciées dans une mesure à comporter les élémens d'un tout autre problème ?

C'est cela que j'ai annoncé en février dernier, au sujet des Monotrêmes, et encore, ce que tout

(1) La marche progressive de la science sur cette question m'a amené à croire, aujourd'hui 24 mars 1834, qu'il y a trois sortes de ces glandes, les *mammaires*, les *monotrémiques*, et les *cétacéennes*; ces trois espèces de systèmes organiques me paraissent convenablement embrassés sous le nom unique et générique de *mamellaires*.

récemment, sur l'objection qui me fut adressée par Baër, que les Cétacés rappelaient la structure des Monotrêmes, j'ai logiquement étendu aux Cétacés. C'est, je l'avoue, comme thèse de philosophie naturelle, une nouveauté hardie, qui m'impose le devoir de la réserve, et sur laquelle on ne s'étonnera pas que je revienne aussi souvent. Cette thèse, vu son utilité, ses applications immédiates dans les usages de la vie sociale, et ses conséquences comme accroissant le domaine de la physiologie, m'a paru en effet d'un intérêt à encourager l'ardeur de mes recherches, à justifier mon esprit de sa persévérance. Il y a toujours glande ; mais cette nouvelle composition est privée de tant d'attributs anciens, qu'en n'y considérant que son aspect anatomique, j'ai dû lui imposer un autre nom, celui de *mamellaire*. Embrassée aussi sous le point de vue de sa fonction, elle est aussi appelée à donner un autre cours aux idées générales, dont on s'était jusque là trouvé satisfait, c'est-à-dire à ces pensées de prévision, de moralité et de conclusion, qu'on signalait comme en étant le but final.

Or comme je comprends très bien que c'est là entrer dans un autre monde de physiologie et de philosophie, c'est pour moi une raison d'y procéder par des études de plus en plus approfondies. Rien ne doit donc être hasardé, et tout doit s'y présenter avec un caractère de démonstration, qui puisse frapper d'évidence le scepticisme le plus décidé.

Je me reporte aux points déjà traités dans mes précédens mémoires, à l'égard des glandes nourricières des petits : tout aussi bien chez les Cétacés

que chez les Monotrêmes, il n'est ni tétines ni
trayons sur tissu érectile, c'est-à-dire, rien qui indique les principales conditions d'une vraie mamelle. Selon ce qu'on pense de celle-ci, c'est un
amas plus ou moins considérable de follicules dans
la peau, offrant, par sa situation externe, le caractère à peu près d'un hors-d'œuvre; cette condition,
du moins dans ce sens qu'une telle glande est aban-
donnée à l'élaboration d'une tierce personne, soumise à la volonté indépendante et jusqu'à un certain point au caprice des petits, quand il n'en est
jamais ainsi des glandes *monotrémiques* et *cétacéennes*. Celles-ci restent entièrement sous le pouvoir des femelles devenues mères. Des muscles à
ce appropriés les possèdent, et, agissant par pression, gouvernent à volonté l'excrétion de ces glandes.

Mais où le caractère d'une plus grave modification se prononce encore davantage, c'est à la
bouche. Les appareils de la succion sont atteints si
bien que les petits ne peuvent téter; circonstance
qui change nécessairement la marche des fluides.

Ce résumé des faits contenus dans les anciens
écrits sur la matière, essayons de l'envisager sans
idées préconçues. De ce qu'il est arrivé à ces
étranges mamelles de ne pouvoir être mises à con-
tribution par une succion opérée de l'extérieur,
points reconnus en ce qui concerne les Cétacés
et les Monotrêmes, cela n'empêche pas que l'afflux
du sang, source de toute espèce de nourriture, ne
se porte point toujours à la périphérie du corps. Or,
cet afflux y amène de quoi fournir à l'entretien

du tissu glanduleux, et de plus au produit de toute glande cutanée. La sécrétion qui se fait là est celle du *mucus*, dont je vais, d'après Berzélius, rappeler les caractères et les conditions d'essence. « Le « mucus est une substance qui ne se dissout pas « dans l'eau, mais qui peut s'imbiber de ce liquide, « en se gonflant, en devenant molle, visqueuse, « et quelquefois même à demi fluide (1). »

Remontons aux causes de ces incessantes sécrétions, en nous renfermant dans les cas qu'occasione l'afflux du sang dans les glandes mammaires. Par le fait de l'imprégnation, et durant tout le temps de la gestation, il arrive chez les femelles une insensible modification, une augmentation du sang. Car, qu'un corps advienne en elles quelque part, par exemple qu'un embryon s'y développe et croisse de plus en plus, il devient chez une femelle en gestation, une cause de vive irritation. Cependant cette sur-excitation locale n'est que dans l'ordre des faits contingens et prévus. Elle ne blesse point, parce que son action est graduellement lente et chaque jour presqu'insensible. Toutefois cette action, en persévérant, détruit insensiblement l'ancien équilibre. Ce sont d'autres rapports entre les parties ainsi assemblées; ils substituent donc un autre ordre d'arrangement; et cet autre arrangement consiste dans un autre mode de distribution des fluides, qui ne frustre pas de la régularité du service, mais qui la donne autre et nouvelle.

Cependant la gestation terminée, et le jour venu

____

(1) Chimie, traduction d'Esslinger, tome VII, page 144.

de la parturition, que se passe-t-il ? Le fœtus n'est à l'égard de son domicile de formation qu'un fruit parvenu à sa maturité. Il a quitté le sein de sa mère, et il laisse l'utérus en proie à de certains ravages. Car c'est brusquement que ce qui composait le régime de ce sujet est soustrait à l'organe, que ces habitudes fœtales sont rompues, et que l'espèce d'existence dont le nouveau-né était redevable aux irradiations de la circulation sanguine en dedans de sa mère a cessé.

Alors dans quel état le départ du fœtus laisse-t-il sa mère ? Les vaisseaux qui se rendaient vers le sac utérin, et qui autrefois étendus au-delà de ce sac s'employaient à la formation du sujet, avaient augmenté eux-mêmes, tant en diamètre qu'en longueur. Cette circulation accrue et accélérée se trouve donc spontanément suspendue, du moment que le fœtus sur lequel se faisait une plus grande consommation des fluides est soustrait. Il suit de cet état de choses que les vaisseaux se rendant à l'utérus sont appelés à reprendre leurs anciennes dimensions.

Or, qu'on veuille bien y songer : car est ici le nœud de la difficulté, une cause de moins pour des nécessités ultérieures. Effectivement, par combien d'efforts et de réactions différentes ce problème ne doit-il pas être résolu ? D'abord, c'est tout-à-coup que l'utérus, étant ramené sur lui-même et rétabli dans son inertie première, les vaisseaux sont fermés à leurs extrémités fœtales : mais, de plus, leur calibre doit encore diminuer. Cela s'opérant, des embarras surviennent ; de l'encombrement les occasione, et il y aurait inflammation hors mesure, lésion et décidément troubles mortels, s'il n'était entré, dans la prévision de l'économie générale des compositions organiques, une faculté réparatrice.

Tel est l'objet du système glanduleux, auquel il est dévolu d'être à la périphérie du corps un système sous-épidermique, s'employant comme émonctoire, et d'en venir à grandir ou à diminuer impunément suivant les exigences variables des temps et des lieux.

On a tiré partie de la considération des glandes *monotrémiques* et *cétacéennes*, qui varient selon les phases des actes génitaux, et à cause de ce point de vue, on les a déclarées vraiment mammaires, leur activité étant simultanée avec l'apparition du fœtus. Cependant n'est-ce point seulement que l'existence d'un fœtus ne doive en soi que mettre en évidence la nécessité d'une inflammation générale chez les mères, ne soit une cause et un appel de sur-excitation dans l'économie générale de ces mères? N'importe, ajoutons, n'importe ce qui en doive résulter, quant à l'essence et à la destination ultérieure des élémens sécrétés. Il suffit pour les fins de la nature, que les mères soient soulagées et qu'elles perdent un trop plein de molécules, qui obstruait leurs vaisseaux. De là il devient facile de concevoir que les glandes n'existent vraiment point avec un caractère déterminé et préfixe de région, d'essence et de relations les unes à l'égard des autres; et comme il y a un sac tégumentaire étendu tout autour et contenant l'être en totalité, il y a partout une enveloppe préparée

pour recevoir le système glanduleux, et par conséquent une disposition en tous temps prête à la
variation de ce système ; se fractionnant diversement selon les familles et le caractère de beaucoup de besoins, s'accumulant sur un point, et y
produisant un fort amas de follicules, ou bien s'é-
tendant ailleurs en lames minces, dans ce tissu
que nous nommons *tissu muqueux*.

Maintenant appellerez-vous les subdivisions du
système sous-épidermique, ayant caractère de tissu
muqueux et répandu sur toute place, d'un nom
différent en raison de sa région, de son amas plus
ou moins volumineux, et de ses formes plus ou
moins variées, ce sera descendre des hauteurs
d'une vue générale à des considérations d'un aspect visuel et spécial. Soit en définitive ; et alors,
si vous considérez à part ces segmens nommés,
comme on l'a fait, glandes *nasales, lacrymales,
salivaires, mammaires, monotrémiques, cétacéennes, anales, péniales, vaginales, etc.*, vous
faites œuvre de descriptions, de distinctions en vue
des espèces, et de nomenclature ; vous êtes dans
un point de vue autre et tout spécial : dans ce cas,
ne soyez point surpris si, me plaçant plus haut, je
cherche à projeter un jet de lumière philosophique
sur l'ensemble des choses, si je tiens à les embras-
ser dans leurs conditions générales, et si j'y vais
voir un élément, à titre de nécessaire à un feuillet
du derme, à une composition, où viennent aboutir
toutes les cîmes vasculaires et nerveuses, tous les
rameaux extrêmes des arbres de vie.

En me portant sur cette généralité, je me laisse

aller à mon penchant pour les réflexions d'analogie, et je vois effectivement là une tendance à l'u-
nité, à l'identité de composition, ce qui ne m'empêche pas de descendre de cette hauteur pour
calculer tous les faits également nécessaires de diversité, pour apprécier le cas spécial de chaque
région, le plus ou le moins de follicules rattachés à
un centre particulier; c'est-à-dire tous les accidens
de forme et de fonctions de chaque sorte de glandes. Je marche ainsi sur toutes les raisons d'indivi-
dualité, de distinction et de spécifications nomi-
nales, généralement sur toutes les nuances à l'infini
qui forment les modifications du plan commun.

Ceci une fois bien entendu, et dans sa généralité
et dans ses cas particuliers, je serai compris quand
je viendrai à remarquer comment une surcharge,
dans les vaisseaux, extraordinaire et temporaire
change les conditions des glandes, les montre autrement faites, et diversement actives : l'évacuation
de ce surplus des produits se termine par l'assimi-
lation des parties selon leur part d'action. Elle est
d'abord effet et devient cause à son tour.

Pourquoi s'étonner de cela? C'est qu'il est dans
notre instinct et dans nos manières d'éducation,
de n'aller jamais chercher dans l'accomplissement
des actes phénoménaux de l'organisation les très
simples résultats d'une mécanique sans mystères;
nous voulons trop qu'à chaque manifestation l'organisation fasse miracle; et cela, parce que les in-
capacités de notre esprit, au lieu de faire effort
pour voir ce qui est véritablement sous le voile,
ont préféré placer, pour gouverner les événemens,

des dieux inconnus, auxquels on attribue un pouvoir de domination ; ce qui est sans doute très poétique, également plus commode pour notre paresse d'esprit, surtout plus flatteur pour nos jouissances d'orgueil, et plus facile ; pour en faire des données à mettre en équation. Le *deo ignoto* de la physiologie se compose des *forces vitales*.

Que les émonctoires des glandes, ainsi que je viens de les définir, servent admirablement à débarrasser le système vasculaire dans des cas d'engorgement ; c'est là un fait d'observation vulgaire. Il lui manquait toutefois les formes du langage, qui précèdent et qui sont mieux explicatives.

Ainsi, il est des glandes qui secrètent à l'intérieur et dont les rejets ou les produits ne se perdent pas : de la graisse en est-elle l'immédiat résultat ?

Leur action phénoménale est plus libre à la périphérie du corps ; plus manifeste pour nos sens, et d'un effet plus instructif, comme étant tout-à-fait visuel ; ces glandes, versant dans la peau et au-dehors, sont de ressource des trois manières ci-après.

1° Ou le trop d'abondance des fluides devient le véhicule qui cause leur apport sur les méats excréteurs, et nous pourrions citer en exemple tous les nombreux et larges évens parsemés sur la tête des poissons cartilagineux, qu'on voit en particulier sur les Squales, pour lesquels le mot impropre d'évens a été imaginé, afin de rendre raison de la grandeur de ces orifices, d'où suinte un mucus abondant. Nous citerons encore la ligne latérale des poissons osseux, dont est formée une série régulière d'orifices, nous citerons l'entier vêtement de plusieurs, le Congre, l'Anguille, divers Silures dont le dernier tégument est enduit de mucus. En février 1833, je me suis permis l'idée, *a priori*, d'y voir une première source d'alimentation des petits après leur éclosion.

2° Ou bien, un moyen direct s'en vient faciliter l'écoulement des liquides que contiennent les glandes. C'est la part qu'y prennent de certaines puissances musculaires, qui s'y appliquent de diverses façons. Tantôt la glande se trouve pressée et exprimée (dans la Baleine) par l'état musculaire de toute une bourse qui la contient, tantôt par l'existence d'un muscle choanoïde (dans le Kanrgurou), et tantôt par le renforcement du panicule charnu en épaisseur et superficie (dans les Monotrêmes).

3° Et enfin, tel est le moyen connu vulgairement, qui n'est point du tout le plus simple, mais que nous supposons dans ce cas en raison du spectacle qui nous en est donné journellement : c'est le trait, ou la succion qui est opérée par les jeunes à l'égard des mères. Ce moyen force à une intervention étrangère, quant à la personnalité de l'être portant mamelles. L'œuvre physiologique s'exerce par le concours du jeune, qui vit sur sa mère et de sa mère en parasite.

Arrêtons-nous sur ces effets observés dans des glandes incontestablement lactifères. Quand la naissance du petit a fait cesser la distribution du sang aux membranes placentaires, et par consé-

quent les afflux surabondans vers les parties géni-
tales, un remoux en arrière en est l'immédiat résultat.

Les glandes mammaires se remplissent, et il y a
malheur pour elles dans l'effet de leur engorgement.
Ce qui est mieux, et certes de plus de ressource,
c'est l'arrangement propre aux Cétacés et aux Monotrêmes. En raison des puissances musculaires
étant à portée, ces animaux expriment, éjaculent
les trop pleins, quand et tout autant que cela leur
convient. Ainsi a lieu par d'autres organes le versement de l'urine.

Je traitais tout-à-l'heure, à l'égard des glandes,
chez la Femme et chez les carnassiers, de leur caractère d'imperfection que je voyais réalisé et
fondé sur la nécessité d'un recours obligé à l'intervention d'un tiers pour en opérer le soulagement. L'imperfection n'est point dans la fonction,
dès que les petits se trouvent très heureusement et
très décidément appelés à vider les glandes de
leurs mères : c'est la portée philosophique de cette
formation que j'examine donc, en revenant une
seconde fois sur cela.

La perpétuité de l'espèce est par tous ces moyens
également assurée : or, c'en est assez pour contenter
la philosophie naturelle, à laquelle il importe que
des *faits nécessaires* soient nettement aperçus dans
leur cause, comme dans l'accomplissement de leurs
effets, et de plus pour donner aussi toute satisfaction à un autre point de vue, à cette autre philosophie plus restreinte, dite des *causes finales*,

dès qu'à chaque sorte de condition, appartient une spéciale ressource.

Rien n'est oublié, en effet, pour la perpétuité de l'espèce dans les divers cas que je viens de noter : tous les actes sont parfaitement harmoniques et ordonnés chronologiquement. Chacun satisfait à son heure et selon ses moyens à sa tendance physiologique : formation d'un fœtus, détournement à son profit d'une partie des fluides nourriciers de la mère, cessation instantanée de cette divarication lors de la parturition, engorgement des glandes, leur dégorgement par succion ou émission.

Ce n'est pas ici le lieu de poursuivre ces faits dans leurs désordres pathologiques. La mort du petit ou des prescriptions médicales empêchant la succion du lait, il y a malaise alors ou vraie maladie ; et dans le besoin où est la nature de s'ouvrir une voie pour l'extravasion et le dégorgement des trop pleins des vaisseaux, les passages qui se créent sont divers : les lochies des femmes sont une évacuation compensatrice.

Chez les Cétacés et les Monotrèmes, comme nous l'avons vu plus haut, la nature agit dans l'ordre des plus courts moyens, par émission, par pissement.

Cependant ces plus faciles ressources, cette curieuse simplicité d'action annonceraient-elles à l'égard de l'ordre des temps et de la marche graduée des développemens, un premier déploiement ou des effets de la seconde main ? Cette question d'âge ne sera susceptible de solution qu'après que les faits sur lesquels nous nous portons seront acquis incontestablement; et, tant que nous ne saurons point parfaitement si les glandes monotrémiques et cétacéennes donnent plutôt du mucus que du lait, cette recherche doit être ajournée.

C'est le moyen d'arriver enfin à traiter de ce point; car tel est vraiment l'objet de ce mémoire.

Ce que j'ai pensé des Monotrêmes, en février 1833, j'y crois toujours. Leurs glandes ne sauraient donner que du mucus. Depuis, sur l'objection qu'avait faite M. Baër, voulant défendre le système de Meckel, sur cette objection contenant l'affirmation que les glandes nourricières des Cétacés étaient conditionnées organiquement comme celles des Monotrêmes, j'ai étendu mes conclusions physiologiques à ces autres animaux qui sont donnés comme les congénères de ceux-ci; mais c'est, comme on le voit, dubitativement, et sur la présomption qui m'est garantie par l'illustre ami de Meckel d'une organisation semblable dans les deux familles.

Cependant j'ai décrit dans mon dernier mémoire les glandes d'une Baleine, mais c'étaient celles d'un très jeune fœtus; et, bien que je n'eusse là rien aperçu qui justifiât la prétention de Baër, je m'y réfère toujours, jusqu'à ce que j'aie vu par moi-même l'organisation des glandes sur des adultes.

Que j'admette une hypothèse, contraire au fait d'observation posé par Baër, et, qu'à la vérification de ce fait, je vienne à savoir que les glandes de Cétacés ne sont point formées de cœcums rangés symétriquement, condition de celles des Monotrêmes, il n'y aurait pas d'impossibilité à ce que ces glandes continssent du lait ; mais alors d'autres procédés, d'autres habitudes, devenues dès faits obligés et conséquens, seront à recueillir.

A la grande rigueur, il se pourrait qu'une émission, qu'un pissement des glandes eût lieu, portant son effort sur les lèvres closes des jeunes. Mais quel cas pourrions-nous faire d'une telle supposition ? Je l'abandonne, et j'en renouvelle la déclaration, c'est toujours dans l'hypothèse que les glandes des Cétacés ont été parfaitement décrites par Baër. En définitive nous ne tarderons point à savoir ce qui en est. On a vu dans mon dernier écrit que mes présentes recherches se trouvent placées sous le puissant patronage d'un ministre du Roi, sont encouragées par le zèle éclairé de M. l'amiral de Rigny.

En attendant, raisonnons sur l'avenir physiologique de ces questions en nous aidant de quelque érudition. Car je me trouve ramené à mes vues de février 1833 sur le mucus, par une communication du docteur Roulin, faite à l'Académie, dans la dernière séance. Cette communication contenait l'extrait d'un voyage au Spitzberg, et au Groenland, en 1671, par Frédéric Martens, lequel s'exprime comme il suit :

(Si l'on remplace le mot *sperme*, évidemment erroné dans ce récit, par celui de *mucus*, que fournit aujourd'hui la science, nous nous trouvons rapporter l'anecdote la plus circonstanciée et la mieux appropriée à notre question. Voici ce passage :)

« Lorsque le sperme d'une Baleine est frais, il a

l'odeur de la farine de froment qui a été bouillie dans l'eau, et lorsqu'il est chaud, il est fort blanc. On peut le tirer par filet, tout comme de la cire chaude ou de la colle-forte. Lorsqu'il est froid, il est de la couleur du musc, et a une forte odeur. J'ai essayé plusieurs moyens pour conserver ce sperme, mais je n'ai pas pu le rendre semblable au sperma-ceti, que les apothicaires vendent. On peut remplir plusieurs seaux de ce sperme ; car la mer en est souvent couverte, de même que de celui des Chevaux-marins, et des Veaux-marins : on l'y voit flotter comme de la graisse. On en trouve surtout une grande quantité quand il fait calme, ce qui même rend la mer trouble et toute visqueuse... Je voulus en conserver dans de l'eau de mer, avec le dessein d'en emporter à Hambourg ; mais il se fondit comme de la colle-forte, et l'eau devint sale et puante, de sorte que je ne pus jamais la faire ressembler au sperma-céti des apothicaires (adipo-cire). »

Ces souvenirs, ces faits de la science m'étaient inconnus lors des premiers développemens que je donnai en février 1833 ; et toutefois la théorie des *faits nécessaires* m'avait fait imaginer quelque chose d'approchant : ce fut quand je dus réfléchir aux conséquences des observations communiquées alors par l'officier anglais, M. Lauderbale-Maule. Parler de ces inspirations, de révélations, sur le sentiment, sur la foi des *faits nécessaires*, le puis-je, le dois-je à cette heure ? Il est à craindre que nos études philosophiques ne soient point encore assez avancées pour que je puisse espérer d'être compris de beaucoup de personnes. Il me suffit toutefois de compter sur quelques sympathies.

Cependant commençons et plaçons en lumière le récit de Frédéric Martens. J'admets l'identité de ce fluide nageant à fleur d'eau avec le mucus. Qu'on veuille bien se rappeler ce que j'ai rapporté plus haut touchant cette substance sur la foi de Berzélius. Une autre illustration de la science en a traité pareillement et d'une manière plus explicite, plus directement applicable à notre question : c'est M. Dumas dans le Dictionnaire classique d'Histoire naturelle, au mot *génération*. Cet illustre physiologiste et Prévost de Genève, son ami et son émule, examinèrent de concert les phénomènes de l'éclosement et des premiers développemens organiques à l'égard de la Grenouille : voici comme ils s'exprimèrent sur le mucus (tome 7, pag. 210) :

« Le premier phénomène qui s'est offert à nous consiste en une absorption d'eau que le mucus opère, et de laquelle résulte un gonflement considérable. » Après un examen poursuivi d'heure en heure de ce fait d'un haut intérêt physiologique, les auteurs affirment avoir vu qu'au bout de quatre heures d'immersion, l'absorption était complète, et que le mucus était saturé d'eau.

Arrêtons-nous sur cette combinaison, sur ce *mucus hydraté*. C'est un produit nouveau : que cette qualification à laquelle la nécessité nous a fait recourir lui vaille le profit de sa dénomination.

La nature n'est prodigue d'inventions que dans le besoin : dans l'emploi possible d'un moyen d'abord mis en jeu est la raison de son immédiate

admission ailleurs. C'est dans le détournement in-
telligent de l'emploi physiologique des choses qu'il
faut la dire *ingénieuse*; *natura ingeniosa*, ont dit
les anciens.

Portons notre attention sur le premier mode de
nutrition des têtards. Éclos, ils se jettent, pour s'en
nourrir, sur la substance pondue avec les œufs : de
l'observation qui précède, il suit qu'elle n'est
point miscible à l'eau, mais qu'au contraire elle
s'en pénètre, y puise des élémens, s'accroît, se coa-
gule, et devient une gelée, une sorte de blanc-
manger. Tel est le *mucus hydraté*.

Que forts de cette instruction, nous nous repor-
tions vers les dernières familles de nos Mammifères; ce que nous y avons observé, c'est que
des glandes, à portée des organes sexuels, et com-
prises dans les dépendances de ces organes, donnent un liquide par ponte, ou pissement, en vertu
d'une éjaculation exécutée par la mère; voulue
ainsi par elle, car des muscles s'y trouvent à cet
effet.

Ces glandes sont autrement faites que chez les
Mammifères du commencement de la série, certes
tout autrement que chez les Monotrêmes (voyez
les auteurs et mes précédens travaux), et de même
autrement chez les Cétacés (Baër).

Quel fluide donneront ces glandes ainsi différemment construites? En consultant la science c'est
du lait ou du mucus. Ou du lait, comme chez les
Mammifères carnassiers et frugivores; ou du mucus, comme chez les Batraciens.

Supposons du lait, que d'ailleurs les petits ne

sont plus aptes à obtenir par des efforts de succion,
le lait sera versé dans l'eau, mêlé, répandu et perdu
dans le milieu ambiant. Mais les petits, entrés dans
la vie, y doivent fournir une carrière d'adultes, pour
continuer la perpétuité de l'espèce. Avec du lait,
c'est impossible, en apparence du moins, par défaut de succion.

Supposons que ce soit du mucus, tout rentre
dans des allures accoutumées ; ce mucus y passe à
l'état de mucus hydraté, d'une gelée, de blanc-
manger, et les petits se jettent avec voracité sur
cette nourriture ainsi préparée (1). Cependant
avant la communication du passage de F. Martens,
avant la communication que nous en a faite M. le
docteur Roulin, nous ne savions rien au sujet des
Cétacés, nous n'avions rien aperçu dans leurs habitudes, qui eût trait à du mucus, rien qui fût capable
de la consistance d'une gelée. Des marins baleiniers
avaient toutefois informé dernièrement M. Marec,
chef du bureau de la police des pêches maritimes,
qu'ils avaient également vu, à portée des baleines
échouées, des masses gélatineuses flotter à fleur
d'eau.

Voilà de quelle manière j'ai considéré l'observation de Martens et des modernes navigateurs,
sur un prétendu sperme observé flottant et abon-

(1) J'ai présentement (fin de mars 1834) des raisons pour ne pas
persévérer dans ce système d'idées ; consultez l'article ci-après. Cette
oscillation de vues appartient à l'histoire de la science, et je ne me
permets point d'y rien changer. Nos formes académiques, qui autori-
sent qu'immédiatement après nos lectures les séances soient publiées
par extrait, m'en font une nécessité.

dant dans la mer, comme devant apporter à mes
vues de premier produit des glandes monotrémiques et cétacéennes, le complément de preuves qui
leur était nécessaire.

Maintenant ces preuves seraient-elles complètes,
et le système que j'ai conçu en février 1833 est-il
établi incontestablement? Tel n'est point mon sentiment; je n'affirme rien, toutefois je veux épuiser la matière dans cette direction.

Or, je prie qu'on veuille bien ne pas me faire le
tort de croire que, si j'ai ainsi combiné *à priori* un
système, ce soit dans un intérêt d'amour-propre,
et dans l'espoir d'un succès, dont je triompherais
niaisement, s'il n'est point fondé justement. Je ne
suis animé et mené que par l'idée du vrai, que par
la satisfaction que j'éprouve, en démêlant et en
résolvant tous les cas problématiques de la philosophie naturelle.

Mais en outre ce qui excite encore plus vivement mon ardeur, c'est la pensée que la science
ferait là un grand pas, un pas à en appeler un autre
tout aussitôt, mais surtout bien nécessaire dans l'éta
si pauvre de la physiologie, eu égard aux assimila-
tions de substance.

La formation du lait serait un sujet qui se dédui-
rait des précédentes recherches, un sujet alors
abordable, et sur lequel j'ai déjà réuni un bien
grand nombre de données.

Et pour dernière réflexion, j'ajoute que j'ai compris qu'en raison du but, je ne devais me laisser
abattre par aucune résistance, mais continuer au

contraire courageusement mon rôle d'homme uti-
litaire. Un sentiment universel sur un fait ne saurait jamais être une cause qui nous empêchât d'exa-
miner consciencieusement la faiblesse des motifs
qui y avait poussé.

Extrait de deux écrits, sur la lactation des Cétacés, communiqués à l'Académie les 17 et 24 mars 1834, et développemens à ce sujet de quelques vues générales.

Je désavoue les dernières pages de mon précédent mémoire, ma conception du *mucus hydraté* (1), me réservant d'exposer plus tard dans quelle mesure ces vues restent vraies et applicables aux êtres des bas degrés de l'échelle zoologique.

Or, quelles idées s'était-on faites dans le principe au sujet de la lactation des Cétacés? complexes d'abord et saines dans Aristote, puis présentées comme simplement reproduites dans les compilations de Pline, elles se trouvèrent là sensiblement modifiées et gâtées. Une plus grande simplification en apparence et le mordant de l'expression leur procurèrent un semblant de lucidité qui en imposa, et les âges futurs acceptèrent et conservèrent jusqu'à ce jour la paraphrase de Pline, *uberibus nutriunt,* etc., c'est-à-dire la proposition suivante, qu'on admira comme concise, comme une conception simple : « Les Cétacés se nourrissent du lait de leurs mères, dont ils saisissent et tètent les mamelles. » Ainsi la lactation propre à la femme aurait été considérée définitivement comme applicable à ces animaux.

Cependant Pline, en ne cherchant que des effets de style, n'avait vraiment ni compris, ni traduit le savoir des temps qui l'avaient précédé ; ce qui

(1) Tant chez les Cétacé   que chez les Monotrèmes.

n'empêcha pas que son *uberibus nutriunt*, etc., ne devînt le fond de la pensée publique et ne pénétrât dans le langage d'alors. Car *mor-grec*, ou femme de mer, tel est sur la côte de Bretagne le nom des femelles de Cétacés.

M. de Blainville ne savait rien de mieux, quand dans plusieurs occasions à l'Académie, il m'a opposé sérieusement le *consensus omnium*, le sentiment universel, cet état stationnaire de la science, avec lequel il déclarait sympathiser ; et cette pensée, il l'a résumée et solennellement fait inscrire dans le procès-verbal de nos séances le 17 mars et en ces termes : *Des mamelles ; du lait produit par elles ; des tétines pour être saisies ; les petits tètent leur mère.* Ainsi l'*uberibus nutriunt*, etc., de Pline dans toute sa portée, la lactation ordinaire des Mammifères, et, l'on peut ajouter, ces moyens bien appréciés chez la femme, obtiennent, par voie de continuation des vieilles opinions, en 1834, une pleine sanction scientifique ; remarquons-le, au sein de l'une des premières Sociétés savantes de l'Europe.

Pour qu'il y ait eu sur cela, entre M. de Blainville et moi, une discussion, où faut-il voir et placer le nœud de la difficulté ? Toute science est progressive ; elle reconnaît deux âges consécutifs ; elle a de faibles commencemens d'abord, puis elle prend de la force ; hier on savait moins, et aujourd'hui l'on se trouve avoir appris davantage. Hier l'anatomie des animaux s'en tenait aux seules réalités perceptibles oculairement, c'est-à-dire que chaque organe était pesé et mesuré dans tous les sens. Les *diffé-*

rences respectives de chaque objet seules préoccupaient. Mais aujourd'hui, d'après l'idée nouvellement introduite dans la science qu'il n'y a, philosophiquement parlant, qu'un seul animal plus ou moins profondément modifié dans chacune de ses parties, l'on voit au-delà des faits uniquement oculaires, puisque l'on se propose aussi l'appréciation de leurs modifications. L'étude des *différences* avait préparé et façonné des matériaux ; celle des *rapports*, en les employant dans une construction d'ensemble, les élève et les applique à l'édifice des sciences.

Cela posé : et par rapport aux faits de la seconde époque, le service de ces recherches étant échu à un plus ancien travailleur, force fut à M. de Blainville de s'en tenir aux travaux de la première époque.

Ceci explique nos deux points de départ ; comme la diversité de ces vues rend compte de la fréquence de nos luttes scientifiques.

Voici les voies de mon esprit quant à la lactation des Cétacés. Plus grande est la différence des milieux ambians, et plus profonde est la variation pour un même type. Le point à réaliser, la pénétration nécessaire dans ce cas particulier, c'est que le type *mammifère* puisse accepter, selon ses deux données très différentes, soit l'essence du milieu aquatique pour produire le sous-type des Cétacés, soit l'essence du milieu atmosphérique, pour en former le groupe des Ruminans, par exemple. Cependant, la révélation des *faits nécessaires* m'enseignait que la solution du problème exigeait impérieusement que toutes les parties du type principal fussent modifiées au *prorata*, pour tomber exactement et avec une parfaite efficacité dans les faits d'un autre système ou sous-type.

Or, ceci avait déjà trouvé son application dans un avoir de curieuses considérations maintenant acquises à la science ; car autres étaient pour les Cétacés les formes de leur tête, de leurs narines, le nombre et les formes de leurs extrémités, les organes du mouvement, toutes les parties tégumentaires, etc., etc. Eh bien! poursuivant le développement de cette idée, j'en vins à penser qu'il en devait être ainsi des organes de la lactation : je crus *à priori*, que ces organes ne devaient pas fonctionner de la même façon dans l'eau et dans l'air, et que pour cet effet ils devaient présenter en euxmêmes des différences notables.

Dans la doctrine des *différences*, on insiste en disant : « nous voulons les faits et nous repoussons les raisonnemens. » Mais, dans celle qui se fonde sur les *rapports*, on admet les uns et les autres. Les faits de la lactation des Cétacés m'étaient, il est bien vrai, donnés par le *consensus omnium ;* mais, en les raisonnant par l'esprit, ils m'avaient paru incroyables, erronés, à l'égard de quelques-unes de leurs circonstances. Qu'avais-je donc à faire ? une révision des anciennes observations de la théorie admise. La succion ne me semble possible qu'en faisant le vide, et qu'en y portant, à titre de véhicule, et derrière la nourriture happée, une partie du fluide ambiant. Or, ce qui, à cet égard, se pratiquait dans le milieu atmosphérique, je le tenais pour démonstrativement impossible dans le milieu aquatique. Je me mis donc à regarder dans la bouche des Cétacés, j'y aperçus nombre d'obstacles à la libre pratique de la succion; il fallut bien conclure que les Cétacés ne pouvaient téter. Et, de là, mes efforts vers de nouvelles recherches; efforts qui n'ont été couronnés d'un plein succès qu'à partir du 11 mars dernier, jour où j'ai pu étudier l'organisation de l'appareil mamellaire des Cétacés.

Ce à quoi je m'attendais; j'en ai trouvé le système différent de celui propre aux Ruminans, propre à tous les Mammifères terrestres, non point par la survenance de nouveaux matériaux, mais par la profonde altération de tous comme de chacun d'eux: car, dans toutes les parties de cet appareil, était quelque chose d'aussi profondément modifiée que l'est le système de la locomotion, où, une seule paire de nageoires chez les Cétacés remplace la double paire d'appareils marcheurs des animaux terrestres.

Décrivons. La glande est superficielle, recouverte d'une peau mince, et elle verse immédiatement dans la *tétine* chez les animaux aériens; mais dans nos animaux toujours immergés dans l'eau, les Cétacés, elle est d'abord logée profondément, et se voit entre les muscles abdominaux et un large muscle peaucier; mais de plus elle est composée de trois parties distinctes, qui sont placées bout à bout, et parallèlement à l'axe du sujet, dans l'ordre suivant, savoir: 1° la glande; 2° un long réservoir; et 3° un bout extra-cutané servant de canule. La glande forme et sécrète le lait, mais ce n'est point pour être trait, sucé ou dégorgé immédiatement dehors et par sa *tétine;* le lait arrive moléculairement à l'extrémité de la glande, pour être reçu et accumulé dans un réservoir *ad hoc,* comme fait l'urine à l'égard de la vessie urinaire. Puis, en dehors de la peau, et dans une fente, est *le sillon mamellaire,* où une manière d'urètre plutôt qu'une tétine, une sorte de canule très bien canalisée dans sa longueur, termine l'appareil.

Or, le jeu de cette admirable et toute nouvelle machine est facile à comprendre. Tout l'appareil mamellaire, fait avec les anciens matériaux, mais qui sont variés par leur état d'élongation, tout cet appareil est transformé en un long sac qui lance le lait avec autant de puissance que de prestesse... La force de pression est déférée aux muscles qui entourent ce réservoir; celui-ci, à son tour, est préparé pour l'émission et agit, alors que le lait s'y est accumulé; enfin, au-dehors est la canule, très bien appropriée à un tel usage; cette canule, raidie à sa base par l'emploi d'un tissu érectile, cherche et trouve un point accessible pour elle vers les lèvres du petit, un point où elle parvient à s'introduire. Mes écrits du 17 et du 24, dont ceci est extrait, s'expliquent parfaitement à ce sujet; comme ils établissent aussi qu'Hunter, auteur original en 1787, a vu ces faits, mais sans les comprendre, attendu qu'il agissait comme on le faisait alors, ramassant des faits visuels, mais ne les éclairant point par le raisonnement; c'est-à-dire par le flambeau qui résulte d'observations et de vues d'ensemble.

J'ai, depuis mes écrits lus en mars à l'Académie, obtenu de mes correspondans deux autres sujets, et rédigé deux autres Mémoires sur les appareils du palais, de tout l'intérieur de la bouche. Les dernières recherches complètent et corroborent celles dont je viens de parler. Ainsi les deux régions, l'abdomen et la bouche, s'ajustent en se montrant dans des harmonies réciproquement correspondantes. L'avalement du lait, sans que cela fût causé par une irruption intempestive des eaux de la mer, forme une question curieuse et dont la solution ne laisse absolument rien à désirer. M. Cuvier s'était borné à faire connaître l'évent et à en expliquer le mécanisme.

Il m'importe d'insister sur ce point, c'est que dans les deux régions, bouche et abdomen, où devait se rencontrer et où se trouve effectivement une parfaite correspondance pour une action commune et comme concertée, le problème est résolu par la voie des mêmes et aussi des plus courts moyens ; car ce sont toujours les mêmes matériaux et tous les matériaux à l'avenant des situations données. Mais de plus, c'est par l'emploi de la plus petite dépense en modifications, qu'on me permette cette forme de langage qui seule peut bien rendre ma pensée, c'est par cette moindre dépense que toute satisfaction à l'exigence du milieu aquatique se trouve acquise. Chaque partie de son appareil montre pareillement son degré d'altération et ce qu'il en faut tout juste pour satisfaire au jeu physiologique des deux ensembles : les glandes donnent du lait et la bouche l'avale.

Ainsi toujours et partout *unité et diversité ;* ce
deux puissans ressorts, ces mobiles demeurés long
temps inaparçus, qui forment l'âme du monde e
au moyen desquels tout est et se maintient dan
l'univers.

Qu'on veuille bien me permettre d'insister en
core un moment sur les conséquences d'une dé
couverte où ce n'est plus en gros (*car connaîtr*
en gros équivaut presque à ne rien savoir), mai
où c'est par des détails exacts, pertinens, parfai·
tement compris dans leurs formes comme dan
leur jeu physiologique, que sera dorénavan
connu le mode de nutrition des Cétacés aprè
leur naissance.

Là donc se trouve un ordre admirable de choses
machine et jeu, sorti sans efforts du fond commur
de l'organisation typéale, constituant la classe de:
mammifères. En n'y voyant que ce qui se trouve
partout ailleurs, c'est à faire penser que ce nouve.
ensemble, le *système cétacéen* (1), est créé, es

(1) Quand un certain ébat de gaîté et d'ironie s'en vint, duran
le cours de notre discussion, relancer d'une remarque amère l'em·
ploi très simple en soi et vraiment nécessaire alors des mots *systèm*
cétacéen, ce fut, je crois, bien moins pour se satisfaire par l'entraî
nement d'une critique vaniteuse que pour obéir à un mouvement d
conviction. La remarque fit sourire une partie de l'auditoire, et
je crus m'en apercevoir, entraîna aussi dans la même sympathi
quelques hommes éclairés et bien intentionnés. Or, ceci m'a donn
a réfléchir et porté à une instruction, dont le développement peu
être un service rendu aux naturalistes : je rédige dans ce but la pré·
sente note.

Un très vif mouvement est imprimé aux études de l'organisation
animale : le présent article vient d'exposer dans quelle mesure. Ce
qu'il fallait faire d'abord, décrire et classer, ne suffisent plus à l'ac-

formé avec presque rien, ou du moins avec des particules, à négliger comme insignifiantes, et avec lesquelles notre esprit et d'abord nos yeux ne se sont que trop jusqu'à présent familiarisés.

tivité des esprits. La science en progrès, cherche une plus haute solution, en se proposant la découverte d'idées générales et philophiques. Cependant chacun s'avance dans la nouvelle voie d'une manière bien diverse; les uns n'y sont encore qu'au début et d'autres s'y trouvent engagés davantage; il est tout naturel de retenir plus ou moins des habitudes ou des erremens du passé. Or, ceci mérite attention.

Expliquons-nous par un exemple. Je revenais d'Égypte vers 1800, et, entr'autres objets d'histoire naturelle que j'en avais rapportés, figurait un poisson nouveau, très extraordinaire et remarquable en effet par un grand nombre de nageoires dorsales, par ses nageoires pectorales et ventrales portées à la suite de pédicules ou de membres articulés, par sa peau semi-osseuse, par des perforations anomales à travers le crâne, etc., etc. J'ai introduit cette singulière espèce dans nos recueils icthyologiques sous le nom de *Polyptère bichir*. La très vive impression qu'à la vue de ce poisson notre illustre chef d'école, le baron Cuvier, en éprouva, m'est restée dans l'esprit et me parait mériter d'être citée sous ce point de vue qu'elle donne l'expression des idées zoologiques d'alors. Suivant Cuvier, c'était une si singulière manifestation des écarts d'un type classique, que le bonheur de cette découverte devait être mis en balance et dédommager de toutes les fatigues d'un périlleux voyage : cette découverte, ajoutait-il, ne manquera pas de retentir très loin dans les souvenirs des naturalistes.

Ce n'était alors qu'un instinct d'admiration pour les cas différentiels, les seules considérations en honneur vers 1800. Rien ne portait alors à soupçonner l'attrait des études actuelles, car rien ne préparait encore à notre magnifique enseignement des rapports philosophiques. Seulement l'étude attentive des faits portait déjà au sentiment vague d'un certain accord, d'une sorte d'unité dans l'organisation, d'où l'on se complaisait au spectacle des plus forts écarts, ou, comme on les nommait alors, des plus étranges anomalies. Mais aujourd'hui le progrès de la science a rendu avéré et presque vulgaire, qu'il n'y a plus, philosophiquement parlant, qu'un seul animal modifié par quelques retranchemens ou par de simples changemens

Car là, spectacle que l'on ne peut contempler sans chaleur d'âme, là est un amas de formations, d'organes bizarrement modifiés; mais entendons-nous, bizarrement pour notre esprit, qui n'aper-

dans la proportion des parties, *les différences* sont ainsi rangées dans la catégorie des cas nécessaires et conséquens, et n'affectent ni n'étonnent plus au même degré. Or la prévision qui s'en présente à l'esprit, a fait passer d'un excès dans un autre : et parce que ce sont partout de semblables matériaux, lesquels ne sont susceptibles que d'une variation dans des rapports proportionnés, il semble qu'il n'y ait plus dans les choses qu'un fond pour produire de la zoologie et non pour y rencontrer des thèses de philosophie, qu'il n'y ait qu'à constater des faits différentiels pour en déduire des notes caractéristiques à l'usage des espèces et non pour y aller admirer le miracle de l'*ingéniosité* de la nature; laquelle décidément produit, avec de mêmes choses fort peu modifiées, de grands et importans ensembles ou *systèmes*.

Que l'on n'ait point encore assez réfléchi à ce que peuvent offrir d'études profondes, et aujourd'hui nécessaires, tous ces élémens d'harmonies, et parce que l'on sera resté très en arrière du temps actuel et plus spécial dans les études de description et de classification, l'on se trouverait appelé à plus de sympathie pour des réflexions qui prennent les actes du passé sous leur protection!

Comment aujourd'hui répugner à dire *système cétacéen*, s'il s'agit de considérations d'ensemble qui se rapportent aux Cétacés? Comment une marche rétrograde, où la science est progressive et où les progrès de la science révèlent des convenances harmoniques que n'empêchent nullement les modifications les plus diverses dans le même organe?.. N'est-ce donc rien que l'accord admirable, que l'arrangement *systématique* qui donne l'essence du *Cétacé*, que cet état de choses où s'amalgament les données du monde aérien avec celles du milieu aquatique, que l'ensemble de tant de circonstances qui se conditionnent harmoniquement, qui se font tant de curieuses concessions, et que ces œuvres si parfaites et si complètes, où apparaît partout le doigt de *Dieu* ? Et et je n'appellerais pas cela un *système* à part, parce que le savoir anatomique sera venu plonger dans le détail de ces organisations diverses et qu'il y aura reconnu l'existence de quelques semblables matériaux! Ce qu'il y aurait eu au contraire à conclure, c'est que plus simples et plus communs que sont ces maté-

çoit qu'étrangeté et anomalie dans la nouveauté de choses incomprises. Ces organes reçoivent ou prennent une destination en vue les uns des autres : ils entrent dans des harmonies réciproque-

riaux dans leur essence, et plus dignes de nos contemplations et de nos admirations, sont les totalités nombreuses et très variées de tant de chefs-d'œuvre qui en sont le résultat.

Éloignons de la pensée du lecteur que je glisse là sur une idée métaphysique, et pour cela parlons encore par des exemples. Un quart de siècle s'est écoulé entre les publications des livres d'anatomie comparée de Cuvier et de Meckel : l'intérêt des leçons du premier se soutient ; car elles sont constamment rattachées à de certaines vues d'ensemble que notre grand anatomiste ne manque point de rappeler à propos : ainsi tout intéressait dans son livre, la forme, le fond et la nouveauté des faits. Vingt-cinq ans plus tard, un pareil ouvrage n'a plus que le mérite d'être amplifié, d'être étendu à plus d'observations, et il apparaît décoloré et sans une même importance. Telle est l'anatomie des animaux de Meckel ; l'auteur y annonce la prétention de s'en tenir aux seuls faits observables, et son plan l'amène à ne considérer que des différences toutes réduites à leur seule estimation du poids et de la mesure des matériaux organiques. En acceptant les idées de son temps, il est encore stationnaire ; car il se borne à n'en multiplier que les facettes ; il les étend à plus de considérations, sans les élever à des vues nouvelles et plus savantes ; il passe à des familles rapprochées, traverse des nuances, acquiert de petits effets, et, jeté dans un dédale inextricable, il n'apporte à la mémoire que des élémens vagues et insuffisans. Ce n'est plus un livre logique que son anatomie, et où l'esprit passe de déductions en déductions, ce sont des faits nombreux auxquels il manque la forme d'un pareil ouvrage, la disposition et l'utilité d'un dictionnaire alphabétique. Tant de nouvelles observations ne créent là aucune intelligence pour les choses : car les faits ne sont point acquis les uns en vue des autres. L'on s'applaudit toutefois d'un résultat, parce que l'on possède quelques caractères de plus pour la zoologie, mais c'est pour une zoologie qui elle-même range ses tributaires pour les façonner à une classification quelconque, et non pour les comprendre dans leur existence réciproque. Je le demande à ceux qui ont lu les cinq volumes de Meckel, que savent-ils après cette lecture, qu'y ont-ils appris?

ment à eux nécessaires, pour garantir l'activité de chaque partie, en même temps que pour assurer l'utile liberté et l'heureux concours de toutes employées simultanément : spectacle vraiment merveilleux, placé pour la première fois sous l'œil de l'espèce humaine; et dans l'indicible satisfaction que nous font éprouver la ravissante contemplation de tant d'harmonies et la mise sous nos yeux d'une si magnifique manifestation d'intelligence, n'oublions pas de rappeler l'origine et de consacrer le principe de ces éblouissantes clartés, en ajoutant : *ad gloriam Dei.*

Or, en définitive, fallait-il accepter, sans sourciller, l'*uberibus nutriunt*, etc., de Pline, et demeurer dans un passé de 18 siècles de durée, comme on nous invitait à le faire le 17 dans les procès-verbaux de l'Académie? Nous en serions encore à dire que les *femmes de mer* (mor-grec) allaitent leurs petits de la même manière que nos femmes du milieu atmosphérique qui vivent à terre. Et certes, nous serions exposés à le dire dix-huit autres siècles encore, et toujours; si,

l'emploi philosophique des différences. Que par un travail subséquent, l'on en vienne à les concevoir dans leur essence, et à les voir intervenir, celles-ci en vue de celles-là, à les comprendre enfin comme réalisant une coordination de faits réciproquement utiles les uns à l'égard des autres, le champ de la science s'agrandit : l'harmonie qui est dans l'univers sera conçue comme la résultante de toutes ces harmonies partielles. Et ce jour venu, les hommes éclairés et bien intentionnés, dont j'ai moi-même exposé, au commencement de cette note, et garantis les louables sentimens, ne souriront plus de pitié, s'ils entendent les blâmes si fâcheux et si peu justifiables, par lesquels notre forme de langage s'est trouvée accueillie, ou plutôt si vivement attaquée.

pour prescrire contre l'usage, et pour faire cesser cet état stationnaire de la pensée publique, il ne fût survenu une méthode qui donne à nos investigations un but, un fil vecteur et un caractère décidément philosophiques : j'ajouterai aussi à titre de souvenirs honorables pour moi, *une méthode toute de mon invention.* (Théorie des analogues, etc.)

Mais sur nos droits de priorité, passons rapidement ; et n'attachons de prix, n'acceptons de sympathies que pour les choses. Car historiens des faits, comme naturalistes, sachons nous renfermer dans leur considération et dans le spectacle des vives actions, qui forment autant de tableaux charmans, autant de manifestations scéniques, à faire sortir du sein de la création par une contemplation assidue.

DIALOGUE

Au sujet de la controverse, concernant la lactation des Cétacés, établie au sein de l'Académie des sciences (1). Séance du 7 avril 1834.

———

Les paroles suivantes me furent adressées par M *** dans une rencontre après dîner.

———

PREMIER ENTRETIEN, *sous la date du jeudi 10 avril 1834.*

LUI. L'on vous a entendu dire que savoir en gros vous paraissait l'équivalent de ne presque rien savoir. Or, serions-nous refoulés sur ce fâcheux savoir en gros, au sujet de la lactation des Cétacés? A en juger par les pièces qui vous ont été opposées lundi dernier, je le crains; pourquoi n'ajouterais-je pas, je le crois?

MOI. Comment? vous en avez déjà pris cette opinion!

LUI. Oui; et c'est aussi la pensée de plusieurs de vos amis: ils en ont souffert dans l'intérêt qu'ils vous portent; car ils ont cru remarquer que l'on vous a, dans cette séance, tenu pressé comme dans les branches d'un étau, attaqué sans que vous ayez paru pouvoir répondre. L'on vous a en effet disputé la justesse de vos assertions, en se fondant sur des pièces matérielles et assez probatives.

MOI. Ce n'est pas la conviction, mais c'est la fatigue qui m'a

———

(1) Je renvoie, pour l'intelligence des faits, au compte rendu hier, mercredi; voir le feuilleton du *Temps*. Là se trouvent fort heureusement reproduites en leur totalité les deux principales communications de la séance, l'une par M. Duméril, qui a commencé l'engagement avec un rapport qui lui avait été demandé le lundi précédent, et l'autre par M. de Blainville, qui a terminé cette lutte en donnant lecture d'une lettre d'un chirurgien employé dans des pêches de la baleine. Sorel est le nom de ce chirurgien; à tort le *Temps* y a substitué celui de *Chauvin*, l'une des signatures de la lettre. Or, j'ai placé entre ces deux communications le morceau qui précède; ayant pris le soin de le modifier et de le rendre moins ardent et moins blessant, en le livrant à la presse.

obligé de me retirer : car 1° au sujet du rapport que je venais d'entendre, on me fournissait trop belle prise ; ce qui m'a ôté le courage de me servir d'aussi grands avantages. Fallait-il, devant le public, avertir le rapporteur qu'il s'était placé à côté de la question, d'une question qu'il n'avait jamais comprise, quand il est venu apporter le témoignage de Ruisch, de ses écrits et de *ses belles figures?* 2° Etait-ce le moment aussi d'entrer en discussion au sujet de la lettre de M. Sorel, et d'établir qu'elle prouvait plutôt en faveur que contre ma thèse? L'Académie était lasse de nos discussions; et moi, je me méfiais de ma chaleur et de mon émotion.

Lui. Ce sont là des raisons dilatoires. Vous nous devez compte de cette très curieuse question, puisque c'est vous-même qui l'avez soulevée. L'intérêt de la vérité et de votre position comme savant, exige que vous vous expliquiez catégoriquement.

- Moi. Mais je n'ai point montré dans cette dernière séance que j'évitais l'action. N'ai-je pas poursuivi mes travaux sans détour, ni crainte? J'ai annoncé deux Mémoires sur la bouche du marsouin, l'un donnant les faits anatomiques, et l'autre l'emploi des organes, ou le fait physiologique de l'avalement du lait. Pour moi, ce sont deux nouveautés intéressantes présentement, en ce qu'elles corroborent par l'accord d'une pleine et parfaite harmonie mes premières données sur les organes de l'abdomen employés dans la lactation, c'est-à-dire, mes travaux des 17 et 24 mars. J'ai justifié de ces derniers travaux par un très beau dessin de l'intérieur de la bouche : il a passé sous les yeux de mes confrères. Fort de cette position, j'ai dû compter sur l'auxiliaire nécessaire aux découvertes, le *temps.* Les passions s'éteignent, et tous les sentimens bons et généreux en matière de science surgissent. Car s'il se forme des partis dans un intérêt de rivalités, l'ascendant de la vérité les rompt presqu'aussitôt.

Lui. Je vous répète que ce sont là des généralités. Venez-en au point précis de la controverse de lundi dernier : et 1°, prouvez ce que vous avez avancé touchant le rapport de M. Duméril. Cette citation, *ductus lactiferus sulcatus et singularis in ubere Balænæ* comme empruntée aux écrits de Ruisch, ne paraît pas s'éloigner trop des faits en discussion.

Moi. Je vais vous satisfaire. Ruisch, dans cette phrase que vous avez citée d'après le *Temps,* fut préoccupé de la poursuite d'une idée qui a fourni au sentiment anatomique de toute sa vie ; c'est l'examen des papilles sur toutes les surfaces internes et externes, et sur toutes les places où il a pu porter son investigation. Il avait fait demander aux marins baleiniers des bouts de sein de baleine, et il en possédait deux exemplaires dans de l'eau spiritueuse. Il avait dans un troisième flacon le bout de sein d'une femme, et ce sont les seules pièces qu'il étudia et qu'il compara entr'elles en même temps qu'avec d'autres surfaces papilleuses, soit de la langue, soit de membranes fœtales. Je défie qu'on trouve autre chose dans Ruisch. Il pensait de ces bouts de sein comme on en pensait dans notre bon vieux temps ; sentimens qui se sont prolongés jusqu'au jour de mes premières réclamations. Ruisch a donné de *fort belles figures*, belles, oui, comme dessin et gravure ; mais ces figures n'ont pu donner à connaître que des faits restreints, ceux (1) des portraits du relief placé sous l'œil du peintre. Or ce relief, c'était un bout de sein, ici montré en sa totalité, là figuré par moitié, puis, ailleurs, aussi établi fendu et représentant l'intérieur d'un canal. Ainsi, dans ce *ductus lactiferus*, il ne s'agit point du vaste réservoir que j'ai découvert, mais uniquement de ces conduits lactifères proprement dits, lesquels, dans le langage de l'anatomie humaine, s'entendent d'une autre combinaison organique. Ruisch s'est borné à rappeler un canal par où coule le lait : ce qui ne s'applique point du tout au bout de sein canalisé (urétro-mamellaire), des Cétacés.

La citation porte encore ; *sulcatus et singularis. Sulcatus* exprime que le bout du sein est au fond du sillon : puis *singularis* serait l'épithète que j'eusse voulu là rencontrer ; le but de mon travail étant d'expliquer en quoi consiste l'état extraordinaire de cette nouveauté organique. Je le répète, il n'y a d'employés dans les recherches de Ruisch que les faits du sillon mamellaire, ceux du prétendu bout de sein qui s'y trouve contenu.

Enfin, la citation est terminée par *in ubere Balænæ*. Ruisch comptait-il avoir eu sous les yeux toute la mamelle d'une baleine ? Sans doute il le croyait, comme l'ont toujours cru sur ce point visuel tous les observateurs avant moi, M. Le Maout à l'égard des

---

(1) Quiconque, pour faire connaître tout l'appareil urinaire d'un Mammifère, n'aurait décrit que le canal externe ou l'urètre servant au trajet de l'urine, ayant ainsi omis et la vessie urinaire et les glandes rénales logées profondément, serait tombé dans la même méprise que Ruisch, quand ayant figuré un bout de sein chez la Baleine, il a supposé en avoir donné toute la mamelle. C'était au surplus une erreur inévitable au commencement du dix-huitième siècle.

pièces de son envoi, et les conservateurs des collections publique
qui étiquetaient *mamelles de cétacés* des morceaux consistan
dans le sillon mamellaire : l'erreur fut de prendre l'une de
trois parties élémentaires de l'organe pour l'organe entier, e
cette erreur était inévitable à ceux qui cherchaient là le fait d
la mamelle de la femme. Car chez celle ci son bout de sei
extérieur est opposée immédiatement et correspond en dedans
la glande mammaire ; mais il n'en est point ainsi des Cétacés
chez lesquels sont trois choses distinctes et dans trois région
contiguës, il est vrai, mais étant toutes à des distances différentes
chez lesquels sont, dis-je, 1° le sillon mamellaire et son bout d
sein, opposés de situation aux os du bassin, ceux-ci formant le
support de ces parties ; 2° la glande longue et aplatie vers la
région diaphragmatique, et 3° le long réservoir intermédiaire
entre le canal de sortie et l'organe fournissant moléculairement
le lait à cette poche.

M. Duméril, qui m'avait entendu insister sur ce réservoir,
n° 3, comme formant le point principal de ma découverte, attribue, dans son rapport, à Ruisch l'idée de ce réservoir, tra-
duisant *ductus* ainsi ; c'était *trajet* qui répondait à la pensée
de Ruisch. La locution dont s'est servi M. Duméril impli-
quait donc confusion encore plus dans la pensée que dans les
termes, et cela se sera ainsi présenté à l'esprit de ses auditeurs ;
d'où ceux-ci auront emporté la conviction que Ruisch avait découvert avant moi ce réservoir, et qu'il avait par ses *belles figures*
rendu inutiles les admirables dessins de notre très habile peintre
Werner. A l'égard de celles-là, je les reproduirai moi-même
sur ma planche, dont la gravure est presque terminée : c'est un
complément minime dont j'enrichirai toutefois mon travail.

Toutes ces réflexions n'empêchent pas que je ne sois persuadé
que M. Duméril ait voulu, dans son rapport, être juste et même
bienveillant : je l'en ai remercié, comme je me plais à le faire ici
itérativement. Il s'est mépris seulement sur les faits, *errare
humanum est*, mais ce fut très conscieusement et honorable-
ment ; car, resté dans ses anciennes préventions sur la question,
son mérite de bonnes manières avec moi s'en[ ]est augmenté : ce
qui me fait insister aussi vivement sur cette preuve d'amitié
qu'il vient de me donner.

LUI. Je ne vous dissimulerai point que je trouve votre plai-
doirie pressante. Mais je vous attends à l'argumentation de

M. de Blainville, s'appuyant, selon moi, avec une apparence de raison, sur les *faits positifs*, allégués dans la lettre de M. Sorel, lequel fut long-temps embarqué à bord d'un bâtiment baleinier. Croiriez-vous sortir aussi bien de cette autre difficulté, d'une objection qui vous est ainsi portée par un témoin oculaire, sans intérêt dans la controverse?

Moi. Oui, oui; encore plus facilement. En effet, le sens de cette lettre, c'est que M. Sorel, restant sous la prévention de l'ancien savoir au sujet de la lactation des Cétacés, entendit reproduire, sous tous les rapports, tous et chacun des faits de la lactation ordinaire des Mammifères : disposé à prouver le principal point de la discussion, c'est-à-dire le fait de la saisie des tétines, il n'oppose que sa certitude d'une succion incontestablement complète. Toutes les preuves qu'il allègue à cet effet, je vais les reprendre et les retourner contre sa thèse. C'est si bien du lait (mais qui lui contestait ce point dans la séance du 7 avril?) que fournissent les glandes de la baleine, que les gens de l'équipage s'en allaient, après la capture d'une femelle, puiser à ces sources fécondes le lait nécessaire à leur déjeuner, consistant en café au lait : il suffisait pour en obtenir de presser sur la glande.

Avant de conclure à cet égard, je vais rappeler une autre communication faite par M. de Blainville à l'Académie, celle d'un passage du *Museum Wormianum*, page 282, où il est dit que dans le détroit de Stavang, côte Norvégienne, une baleine échoua en 1649, et qu'une dame de la cour s'employa elle-même à faire jaillir, *suis manibus emulsit*, jusqu'à plus de trois mesures d'un lait fort blanc dont elle fit présent au roi.

De l'accord de ces deux faits, je conclus l'existence et l'emploi d'un réservoir grand et unique, c'est-à-dire d'un réservoir existant dans toutes les circonstances que j'ai spécifiées dans mes précédens mémoires.

M. Sorel rapporte ensuite, en preuve que les petits tètent, que les mères après les avoir reçus sur la queue en jouant avec eux, se plaisaient à les lancer en l'air, d'où ils tombaient à plomb sur les mamelles, ou même que les petits s'y portaient par bonds et s'y précipitaient avec avidité. Cela même, et à peu près en ces termes, je l'ai rapporté dans mon mémoire du 24 mars, comme étant la déduction des considérations anatomiques posées dans mon écrit du 17. Ainsi, cette observation communiquée à l'Académie le 7 avril dernier, comme un fait acquis *de visu physiologico ad vivum*, je l'avais moi-même, deux semaines auparavant, apportée à l'Académie comme une conséquence déduite de mon précédent travail anatomique *de visu ad organum*. Il n'y a ni longueur de tétine pour être saisie, ni faculté et besoin chez les petits pour tenter de le faire, ni temps suffisant pour que des mouvemens d'approche y puissent vaquer, ni assez de secondes employées pour que le petit en vînt à bout; car le refoulement en cas d'une chute et la brusquerie des bonds seraient nécessairement une cause d'empêchement, à l'attache des petits sur le sein, et à la durée d'une succion. Mais, ainsi que je l'ai exposé dans mon mémoire du 24, l'on peut concevoir le succès d'une prise ou d'une becquée de lait durant le court moment d'un trait lancé. Le petit prend son temps pour tomber, l'extrémité de son museau étant entr'ouverte circulairement, au devant de la canule ou bout de sein, puis cette canule à son tour s'ajuste pour aller s'épater et remplir tout l'espace entr'ouvert; c'est dans ce court moment que la pression, opérée avec violence et prestesse par la puissance musculaire environnante, s'exerce en dedans du derme sur les parois extérieures du réservoir, qu'une sorte de coup de seringue produit irrésistiblement son effet, et qu'un jet lacté arrive à la bouche, où tout est préparé pour son avalement; mais sans acte de succion.

Lui. Je ne pousserai pas plus avant mes observations; et je les terminerai dans un autre esprit. Si vous êtes aussi assuré que vous l'annoncez de la justesse de vos vues sur la lactation des Cétacés, faites que le public y donne définitivement son acquiescement. Acceptez le conseil que je me permets de vous donner et dont j'augure favorablement : imprimez notre conversation sans y rien changer.

Moi. Je goûte votre avis, et dès demain, ce sera écrit et livré à la presse.

Nota. *Cet entretien n'est point fictif; il a eu lieu le 10 avril, à peu près dans les termes qui précèdent; ce fut à la suite d'un dîner où se trouvaient réunies les notabilités médicales et anatomiques les plus recommandables de Paris.*

Second nota. Dans ce jour heureux pour moi, anniversaire de l'entrée de mon fils dans l'Académie des Sciences, 15 avril,

d'action bien douce au cœur de son père, et quand j'étais tout
à ce souvenir, l'interlocuteur du précédent dialogue, M. ***,
entra chez moi, un journal à la main, et m'adressa ces paroles :

SECOND ENTRETIEN, *sous la date du 15 avril.*

LUI. C'est à l'amitié, capable d'abonder en consolations, d'être
la première à vous signaler quelques nouveaux excès du jour-
nalisme à votre sujet. Dans un article à la date d'hier, 14,
la feuille appelée F... intervint pour prolonger contre vous
le débat académique du lundi 7. Ma remarque ne manquait
donc pas de justesse, quand je vous disais frappé, et que je
vous voyais comme tenaillé par les deux événemens d'opposi-
tion auxquels vous fûtes en butte lors de ce débat ; jugez-en par le
monstrueux enfantement que ces événemens ont produit. Certes
les illustrations scientifiques s'employant alors de bonne foi dans
un scrupuleux examen des faits en discussion, n'avaient pu ni
dû prévoir cet indigne travestissement de leurs allégations ; mais
il y a dans le corps social des écrivains de tout étage, de pensées et de savoir différens. Cependant que s'ensuivra-t-il à votre
sujet ? La compensation à ces coups qui vous sont portés dans
l'ombre, c'est qu'ils célèbrent et qu'ils consacrent honorable-
ment votre mission d'inventeur dans les sciences. Car à cet état
de la pensée publique avant vous, savoir : *que les animaux
domiciliés dans l'eau allaitaient comme les animaux domiciliés dans l'air,* vous avez substitué des faits précis, vraiment
dégagés de vague et d'erreur. Vous vous êtes exprimé avec toute
lucidité, en disant : « Il y a, au sujet des animaux toujours im-
« mergés dans le milieu aquatique, quatre temps marqués et
« successifs pour l'action, formation lactée, lente accumulation
« du liquide, puis sa pression, et puis, enfin, son éjaculation ;
« il y a quatre sortes d'organes de structure appropriée et mer-
« veilleuse eu égard à leur corrélation efficiente et harmonique,
« qui y pourvoient : une glande que rien ne gêne dans son éla-
« boration du lait, un long réservoir disposé à portée pour s'en
« remplir, un manchon musculaire répandu tout autour du
« réservoir, y devenant une main de force et de pression, et
« une sorte d'urètre en canule, servant au trajet et à la sortie
« du lait. »

L'ancienne opinion n'est plus tenable, par la raison que
la vérité une fois sortie du puits n'y rentre jamais. Je viens
ainsi vous reproduire à vous-même les faits de votre décou-

verte; comme abondans poür vous en consolations, et afin
qu'il ne vous reste de souvenirs que pour ces paroles de l'amitié.

Sans doute des injures, lancées sans provocation, d'une bru-
talité révoltante, et qui éclatent en d'ignobles et populacières fa-
céties, vous trouvent tout étonné, vous homme isolé, inoffen-
sifs et uniquement occupé d'études et de méditations sur la
Nature. Cependant que peuvent ces efforts malencontreux à l'é-
chappé de leur sentine abjecte? consolez-vous-en en vous appli-
quant cette réflexion : La moindre parcelle ajoutée au trésor des
connaissances humaines devient un noble fleuron de plus, pour
ces couronnes d'estime réservées et définitivement acquises à
toute promulgation d'une vérité nouvelle. Ainsi opère dans son
vaste enregistrement et solde l'équitable POSTÉRITÉ.

MOI. Sur cette allocution, voici mes réflexions. Les progrès
de la science me préoccupent seuls et constamment, mais peu
long-temps au contraire les souvenirs d'une lutte ardente.

Qu'en raison et sous l'appui d'une discussion en haut lieu, des
expressions ignobles et faméliques aient été prononcées, *patience* :
à ces moyens d'existence de quelques feuilles éphémères, à
cette pâture destinée à de fâcheux désœuvrés, on ne doit aucune attention, pas même celle du mépris.

Maintenant, reposé que je suis, et tout refroidi sur le sujet de
la dernière lutte, je suis vraiment affligé qu'elle ait été aussi ani-
mée dans le sein de l'Académie des sciences : je n'y ai paru, il
est vrai, que sur le terrain de la défensive, mais c'était trop
encore. Qu'est-il arrivé? un mécontentement manifeste. Car,
en effet, comment l'Académie aurait-elle accordé sa sympathie
à une telle tourmente des esprits, qui compromettait sa dignité
et faussait vraiment le but des recherches philosophiques? On
a aperçu là des intérêts moins scientifiques que passionnés.

La culture des sciences demande du calme, et n'a rien à gagner ni à des attaques incessantes, ni à des ripostes brûlantes.
Pourquoi se refuser d'une part à la révision et à l'amélioration
de quelques doctrines du passé? Et pourquoi, de l'autre, suppo-
ser qu'on allait y pourvoir par des improvisations téméraires?

Cependant ne pourrais-je faire admettre mes excuses pour
l'inconvenance de ma participation à des torts justement et généralement blâmés, en faisant valoir la bonne part que j'ai
prise aux heureuses modifications des considérations et des
conséquences suivantes, que je tiens définitivement pour acquises
à la science ?

Les mammifères marins allaitent-ils de la même façon que les mammifères terrestres? On l'a cru, on le croit toujours. Eh quoi! de la même manière, malgré la diversité des milieux d'habitation? *A priori*, non : cela fait toujours question et réclame l'investigation scientifique. Sans doute que la raison *classique*, c'est-à-dire que les affinités zoologiques, font croire là à l'emploi des mêmes matériaux ; mais la grande différence des milieux, *air* ou *eau*, prescrit que de proche en proche, chacun et tous ces matériaux, au prorata, soient profondément modifiés. Telles étaient les données pour de nouvelles études, et en présentant aujourd'hui ces quelques résultats de mes recherches, je crois être décidément arrivé à la solution désirée.

Pour que l'allaitement se maintienne également possible dans l'air et dans l'eau, il faut que le travail de réformation vers chaque partie organique embrasse également et nécessairement, dans la vue de l'un comme de l'autre, les deux systèmes, soit les organes qui donnent le lait (chez la mère), soit les organes qui le reçoivent (chez le petit)!

Procédons à ces examens.

1º *Organes formateurs et distributeurs du lait chez les mères.*

Dans les animaux terrestres, ces organes sont ramassés, superficiels, sous-cutanés, et composés de parties superposées ; le bout de sein, que traversent de très petits orifices, à la manière d'une pomme d'arrosoir, étant immédiatement placé au-dessus et sur l'axe même de la glande.

Ces organes sont, au contraire, chez les mammifères marins, longitudinalement étendus, logés profondément, dans un fourreau musculaire, composés de parties distinctes et rangées bout à bout le long de l'abdomen; ce sont, 1° la glande vers la région de l'ombilic; 2° une nouveauté organique dans ce sens, que toutes les petites amphores lactées, au lieu d'être disséminées dans le tissu même de la glande, en sont séparées, et constituent en arrière un vaste réservoir allongé; 3° le bout de sein, lequel profondément modifié, et largement canalisé, se trouve ramené à l'apparence et à l'usage d'un urètre.

A ces changemens dans la forme correspondent nécessairement des changemens dans la fonction. A l'égard des animaux aériens, les petites amphores se remplissent de lait, sans que la mère soit appelée à en gouverner le mécanisme, à moins qu'elle n'y fasse intervenir son petit comme auxiliaire. Il faut que ces amphores soient sucées, soient tétées : la mère laisse faire, et, tenue à un rôle passif, elle attend son soulagement, ou le bienfait du dégorgement du lait, de l'entremise de son petit.

Ce sont d'autres conditions à l'égard des cétacés : l'activité repasse et est toute dévolue aux mères. Les petits ne s'occupent de leur nourriture que pour demander la becquée, et pour n'en prendre, comme chez les oiseaux, qu'une dose à la fois. Que la mère ressente le trop plein du lait, elle peut en perdre au moment même pour son soulagement; mais ce qu'elle fait préférablement, elle en abreuve la bouche de son petit; il lui suffit pour cela d'agir sur le fourreau musculaire qui enceint le réservoir. Elle produit là l'équivalent d'un coup de piston, et le lait peut être lancé à une distance considérable. Ainsi il arrive à son méat sous-cutané pour traverser largement le bout de sein, canal qu'il serait peut-être mieux de désigner alors, à cause de son usage, par le nom de *bout urétral.*

2° *Organes de l'avalement du lait chez les petits.*

Les petits, éveillés et enseignés par l'instinct, par les sollicitations de leurs besoins physiques, vont s'aboucher à la mamelle des mères. Si c'est dans le milieu atmosphérique, ils saisissent en plein la tétine, ils ne l'abandonnent point tant que la faim les y excite; mais, au contraire, allant à coups redoublés de succion, ils travaillent, par la continuité de leurs efforts et sans désemparer, à épuiser leur bourse nourricière, c'est-à-dire qu'ils *tètent* jusqu'à saturation; le fluide ambiant, qui est l'air, y entre comme moyen. Or, voici comme je conçois la nécessité de cette intervention de l'air.

Les lèvres du petit entourent et serrent la tétine; la bouche se ferme complètement, c'est-à-dire que tout ce qui se rapporte aux actes de la langue se ramasse et va s'appliquer sur le palais:

en même temps le larynx s'avance dans le pha-
rynx, prend position sur les arrière-narines, et
les ferme du côté œsophagien. Or qu'il n'y ait de
changement à cette disposition des parties qu'une
manœuvre de tout le service musculaire de la langue, de façon que celle-ci perde sa position vis-à-
vis du palais, et s'abaisse entre les branches maxillaires inférieures, un vide tend à s'opérer dans la
cavité buccale; événement qui ne s'accomplit pas,
d'abord parce qu'alors surviennent, 1° la pression
de l'atmosphère sur la glande et ses dépendances,
et, 2° au second moment à cause de l'effet de cette
pression, l'écoulement du lait dans l'espace déve-
loppé.

Or, que chaque chose reste en demeure, voilà
une gorgée de lait qui occupe cet espace. Cependant, pour qu'en définitive ce lait soit avalé, il
suffit d'un changement de position du larynx : celui-ci se reporte en arrière, s'écarte des arrière-
narines, et désobstrue l'entrée de l'œsophage, pendant que l'air ambiant, libre désormais de traverser
la route des narines, s'en vient remplir l'arrière-
bouche, et rendre à la langue et à ses parties acces-
soires leur première aptitude à la déglutition du
bol alimentaire. Il va, sans le dire, qu'après l'a-
valement de cette gorgée de lait, une seconde,
une troisième, une quatrième, sont possibles, sans
qu'il soit nécessaire de quitter la tétine. L'arrivée
de l'air, après le vide qui s'était opéré, a ramené
les rapports des parties à leur primitive situation.

C'est que, en dernière analyse, le *tété* des animaux aériens se compose de ces arrivées succes-

sives et alternatives d'air et de lait dans l'arrière-bouche (1). Tout le monde a vu téter, parle d'enfant qui tète, d'un veau qui tète; mais qui a jamais songé à donner de cela une définition? Cependant, quand on la fera porter sur l'essentiel de cette fonction, on concevra facilement et le motif de la répétition des actes de succion, et l'enchaînement des efforts au moyen desquels les petits prolongent la saisie des tétines.

Voyez comme au contraire agissent les nourrissons des Cétacés. Aucun ne reste et ne peut rester attaché à sa mère; ils se précipitent sur elle le bec ouvert, y venant réclamer la becquée, chaque fois une seule gorgée. Et en effet, quand ils gagnent le *bout urétro-mamellaire* de l'appareil, s'ils l'affrontent en faisant cul de poule par une disposition de l'éxtrémité du museau (principalement dans les baleines, chez lesquelles sont des lèvres extensibles), ou même si, à l'égard d'une bien faible saillie, ils parviennent à la saisir, c'est pour n'y aller prendre, comme le font les oiseaux, qu'une dose à la fois; acquisition qui ne devient profitable qu'autant que le bec se ferme dessus après et complètement.

Je réserve le riche exposé de ces faits pour le faire paraître avec le Mémoire où j'expliquerai les très singulières anomalies, et, je puis ajouter, les

---

(1) Mon gendre, M. Bourjot-Saint-Hilaire, a fermé hermétiquement, durant vingt-quatre heures, les narines d'un chevreau en lactation : non seulement l'animal a cessé de téter, mais de plus, il a paru en avoir perdu l'instinct ou le désir; puis, l'obstacle retiré, il a repris de suite ses anciennes allures.

admirables harmonies de toutes les parties caractéristiques de l'intérieur de la bouche : elles ont été
parfaitement observées et demeurent fixées dans un
fort beau dessin du peintre M. Werner ; dessin
que j'ai mis, le 7 avril, sous les yeux de l'Académie. Un tel dessin forme à lui seul un mémoire très
bien étudié : le pinceau en a ainsi rassemblé les
parties en attendant sa définitive explication par la
plume : je m'en tiens aujourd'hui à cette seule réflexion, exprimant la principale considération qui
domine ici. Là nulle chance , où n'est pas organe
ad hoc, pour ce va et vient d'air et de lait, pour la
· production alternative qui constitue l'acte du *tété*.
Que cela fût encore demeuré possible, et que le
fluide ambiant pût ainsi arriver dans l'arrière-bouche, il y aurait eu mixtion des deux liquides, mé-
lange du lait avec l'eau, fusion malencontreuse, et
conséquemment une confusion de molécules tout-
à-fait opposée au but de la fonction, qui est la
substantation du petit. Car chacun sait ce qu'est
devenu le canal nasal des cétacés : on le sait frappé
d'une si grande anomalie, que l'on en est venu à
changer son nom en celui de canal de l'évent ; il
traverse le crâne verticalement, et débouche inté-
rieurement très en arrière. Une autre combinaison, toute aussi *cétacéenne*, c'est-à-dire toute aussi
frappée d'anomalie, s'harmonise avec ce désordre
apparent, en faisant arriver sur l'avant du palais
l'entrée de l'œsophage : au moyen de cet arrangement, le lait, une fois lancé par l'appareil mamellaire, tombe sans difficulté, ou plutôt s'engouffre
de lui-même dans le vaste œsophage mis à portée

et ouvert pour le recevoir. Mais comme il faut que toutes les ouvertures et que tous ces récipiens soient immédiatement fermés, il en est là comme pour une prise de nourriture par l'oiseau : à chaque becquée, le bec est fermé, et à chaque effort, l'avalement de la nourriture devient un fait consommé. L'avalement du lait, chez le cétacé, se règle de la même manière : pour que le fait soit renouvelé, il devient nécessaire que le petit approche une autre fois, ou plutôt qu'il se précipite de nouveau sur sa mère : c'est dans ce second moment qu'il obtient un autre jet du fluide nourricier.

LE CÉTACÉ NE TÈTE DONC POINT.

Ces idées sont si nouvelles, que, pour bien les comprendre, il faut s'y accoutumer. Mais, enfin, elles sont de nature à apporter à un esprit réfléchi assez de détails précis, une série d'actes si parfaitement coordonnés, pour que l'on puisse y apprendre avec lucidité quelles conditions sont compatibles avec la lactation au sein des eaux. Certes la lactation est la même partout et quant aux organes employés et quant au but de la fonction (*unité de composition organique*); mais sous l'influence de milieux aussi différens que l'air et que l'eau, une profonde modification change tous les rapports de volume et tout le mécanisme de l'action (*variété*).

Par cet exposé, suis-je en effet parvenu à remplacer efficacement et vraiment par quelque chose de satisfaisant pour l'esprit, l'ancien savoir en gros, en ce qui concerne la lactation des cétacés, lequel j'ai formulé sous l'expression d'*uberibus nu-*

triunt, etc., ce faux savoir, ce dire implicite de Pline, avec lequel la pensée publique a sympathisé durant les vingt derniers siècles? Je le crois du moins; et c'est pour cela que je recommande que dorénavant l'on ne vienne plus soutenir, que l'on ne fasse plus insérer dans nos registres académiques, que les animaux à mamelles domiciliés dans l'eau allaitent leurs petits d'une toute semblable façon que leurs congénères domiciliés dans l'air. J'adresse du moins cette recommandation aux hommes éclairés et judicieux qui recherchent le vrai savoir, et qui le prisent pour lui-même et en lui-même.

Maintenant j'ai à réclamer l'indulgence du lecteur pour avoir reproduit ces nouveaux développemens, placé ici ces redites fatigantes. Je lesexplique en faisant savoir que le Mémoire du 30 décembre 1833 était livré et imprimé au commencement de mars, et qu'alors je n'avais rien arrêté sur la publication de ma deuxième planche, laquelle est ci-jointe. J'ai dû revenir sur les faits qu'elle retrace, et les étendre.

J'y ai fait entrer les n°s 5 et 6, qui sont des figures toutes deux empruntées à Ruisch; et je l'ai fait pour plusieurs motifs : 1° afin que l'on puisse apprécier la part attribuée à Ruisch, censé avoir dit que les cétacés avaient de *véritables mamelles*, ce qui fut accepté par l'Académie le 7 avril; et 2° afin de profiter de cette favorable occasion de rendre oculaires ces prétendues *véritables mamelles* et l'idée de cet *uberibus nutriunt* des écrits de l'Antiquité. Ce demi-savoir de Pline, qui s'est traîné pendant un si grand laps de temps dans la pensée des naturalistes et des navigateurs, a dû ce succès à ce que les principales circonstances du phénomène étaient nettement aperçues, et pouvaient ainsi laisser dans le vague le surplus des renseignemens à acquérir.

Mais Ruisch, qui, avec ses deux dessins, rend exactement la pensée de son temps dominante, alors, avant et après lui, me fournit le précieux avantage d'être bien compris dans la distinction à faire. Il croit à l'identité de deux dessins, n⁰ˢ 5 et 6 de la planche; c'est-à-dire, qu'il suppose que le sujet nommé par lui *Uber balænæ*, fig. 5, et réprésenté sous la dénomination de *mamelle de la baleine*, est tout-à-fait la même chose que l'autre sujet représenté n° 6, c'est-à-dire, que le *sein de la femme*. On était alors donc vraiment fasciné par un savoir mal employé analogiquement. Et en effet, chez la femme, comme à l'égard des autres mammifères, immédiatement en arrière du mamelon et dessous la peau, arrive la glande, plus ou moins volumineuse, elle toute entière : le n° 6 montre toute cette glande, son mamelon au centre, et tout son relief extérieur dans le pourtour figuré.

Il en est tout autrement du n° 5 : ce que présente cette figure, c'est la neuvième partie de l'appareil, ou uniquement le bout urétro-mamellaire, c'est la partie externe de l'appareil; c'est, pour l'analogie, l'unique partie à ramener à la considération du bout de sein de la femme; bout de sein qui est également extérieur chez la femme. Mais dans la baleine, après ce bout urétro-mamellaire donné par

Ruisch comme complétant l'appareil, comme l'entier *Uberbalœnœ*, dans la baleine, dis-je, arrive, en remontant sous les tégumens, le vaste réservoir dans lequel le lait s'épanche moléculairement, pour être à son heure marquée lancé dans la bouche du jeune baleineau. Ajoutons que cette observation n'est point encore là terminée : car il faut continuer d'aller considérer plus haut, c'est-à-dire se porter sur la région ombilicale, où se trouve véritablement la glande; par conséquent à une distance considérable du prétendu bout de sein.

Cela bien compris, on s'explique facilement comment les marins dépéceurs de la baleine ne vont jamais chercher plus loin qu'en dedans et par dessous le prétendu bout de sein pour y trouver la glande. Entre celui-là et celle-ci, existe le long réservoir qui ne manque jamais dé les dépayser sur le point de la véritable recherche, attendu qu'il leur sera cent fois arrivé d'éprouver ce que j'ai vu moi-même pratiquer le 11 mars dernier. Ce furent des anatomistes qui me remirent en lambeaux déjà dépécés la première femelle qui a servi à mon travail : on y avait regardé, et l'on me donna un sujet que son jeune âge sans doute, me disait-on, avait privé de tout développement mamellaire. Or, l'on sait maintenant ce qui est resté vrai de cette supposition. L'on a vu plus haut que c'est dans tous ces lambeaux que j'ai rapprochés, que je suis allé chercher et que j'ai rencontré tous les élémens de ma *découverte anatomique*.

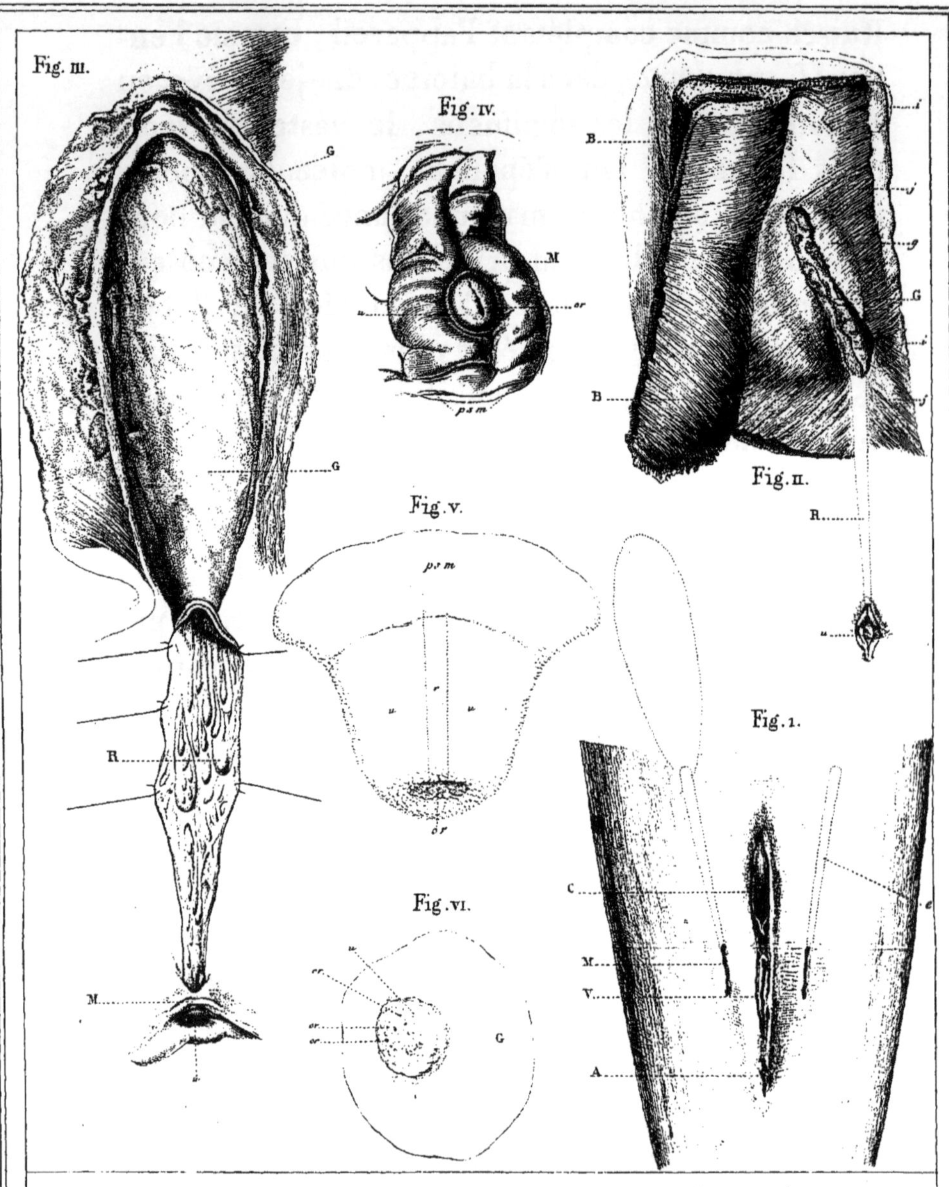

APPAREILS MAMELLAIRES DES CÉTACÉS.

1 . 2 . 3 . d'après un marsouin femelle vierge . 4 . d'après une nourrice du D. GLOBICEPS.

5 . le bout de sein d'une baleine . (bout *urètro = mamellaire* .) . 6 . le sein d'une femme.

1 , 2 , 3 , 4 . fig. originales — 5 , 6 , fig. d'après Ruisch.

Dessiné par Werner, peintre du M. d'Hre Nat.   Imp. Lith. de Reun, rue Richer 7.   Gravé sur pierre par Visto.

Cette seconde planche, portant pour titre : *Appareils mamellaires des Cétacés*, est composée des six figures ci-après :

Fig. I. Cette figure montre, dans leurs rapports respectifs, les méats de sortie des produits mamellaires, sexuels, urinaires et intestinaux.

Au milieu et longitudinalement sont le clitoris C, la vulve V, et plus bas l'anus A.

Sur les flancs sont les organes mamellaires M, apparens seulement dans notre sujet par un sillon étroit, à bords serrés et résistans. On a indiqué par des points la suite et les dépendances de l'organisation mamellaire, de la façon que la dissection les a fait apercevoir sous la peau et en a révélé l'essence. Ceci est indiqué à droite par le signe *e*, quand à gauche l'on a complété ce renseignement par l'addition, en dehors de la figure, d'un tracé également ponctué, exprimant la grandeur et la position de la glande. Le prétendu bout de sein, ou le bout urétro-mamellaire, est contenu dans le sillon chez les vierges et point au-dehors apparent, même en cicatrice : tel est le fait sur lequel Aristote et Rondelet ont insisté : ce n'était qu'un fait de premier âge.

Fig. II. Cette figure représente une portion de la région ventrale, la portion faisant face aux intestins. Voici quelles en sont les diverses couches, en commençant par la peau ou par la couche inférieure. A droite, est la tranche des tégumens, et tout en dehors une coupe sur la peau *i, i, i.* Les lettres *j, j,* désignent le panicule charnu, et, dans l'intervalle de ces deux couches, se voit l'épaisseur du lard. Les couches suivent, savoir; en remontant de bas en haut, la peau, le lard, le muscle peaussier ou le panicule charnu, la glande *b* et les muscles abdominaux B, B. L'objet de la figure II est de placer sous les yeux ces circonstances ; mais on n'a pu rendre la glande apparente qu'en soulevant la masse des muscles abdominaux B, et en la renversant sur elle-même à gauche. Cela fait, la couche subjacente, G, ou la glande, se trouve visible. La dissection a été dirigée de telle manière, qu'il n'y ait que la partie médiane qui soit à nu ; les flancs sont restés couverts par les aponévroses des muscles de l'abdomen ; mais un éclairci ménagé laisse découvrir toute l'ampleur de la glande : voyez *g.* La glande se continue dans le long canal R, qui, dans les vierges, n'a que l'apparence indiquée dans la figure, mais qui prend chez les adultes, et surtout chez les nourrices, une ampleur considérable : c'est pour cela que nous l'avons nommé le *réservoir.* Ce canal aboutit, en traversant la peau, dans le sillon mamellaire, et tout au fond du sillon est le bout urétral *u.* L'on a tiré avec des nérines et avec violence ce sillon mamellaire, ce qui a fait passer l'espace mamellaire à la configuration d'un lozange, et a permis par suite d'apercevoir le fond de la cavité et le petit organe *u.*

Fig. III. Les deux figures précédentes ont été réduites de moitié ; cette troisième est de grandeur naturelle. Les mêmes lettres s'appliquent aux su-

jets analogues : G est la glande, R le réservoir, et
M le sillon mamellaire ; mais celui-ci est ouvert et
préparé par la dissection de façon que le bout
urétro-mamellaire *u* soit parfaitement apparent. Le
réservoir a été fendu sur la ligne médiane, et étalé
au moyen d'épingles, pour faire voir ses follicules
intérieures, tout son tissu muqueux et les bouches
assez spacieuses des glandules de Brunner. Un orifice de communication avec l'intérieur de la glande
se voit en *g*. Le bout, *u*, est bordé de papilles.

Fig. IV. Cette figure est de grandeur naturelle ;
elle représente l'état du sillon mamellaire d'une
partie envoyée à Paris, de Saint-Brieuc, par M. *Le
Maout* (1), ancien pharmacien. Cette pièce est
venue, avec beaucoup d'autres provenant de l'é-
chouement de 27 dauphins *globiceps*. L'expéditeur
a pris sur la plage plusieurs morceauxqu'il a placés
confusément dans un tonneau, et sans user des
précautions ordinaires de conservation. Parvenus
à Paris dans un état de putréfaction complète, l'on
n'a pu s'attacher qu'à un seul objet, à cause de
l'importance de sa révélation, à l'objet de la fig. 4.
Je dois ajouter que les deux côtés étaient semblables, et qu'il est à présumer que l'entassement et
la décomposition des sujets n'auront apporté que
peu de changemens aux rapports des parties.

(1) J'ai reçu d'un de mes anciens disciples, M. Emmanuel Le
Maout, une lettre, sous la date du 12 mars 1834, écrite de Guingamp,
Côtes-du-Nord, où, s'élevant avec force contre l'esprit et les termes
de la correspondance des membres de sa famille au sujet des Dauphins échoués dans le voisinage de Tréguier, il signale cette inconvenance et déclare repousser loin de lui la responsabilité d'une aussi

Quoi qu'il en soit, j'ai trouvé tout le sillon, M, dans un état singulier de mollesse : ses bords sont raides dans le jeune âge ; je les ai là trouvés (1) non plus droits, mais sinueux et sous une apparence de bourrelets. L'afflux sanguin aura-t-il occasioné cette métamorphose ? C'est à peu près dans le centre qu'existe très visiblement le bout urétro-mamellaire, *u*, lequel est circulaire, large et fort peu voûté. Le méat excréteur ou la sortie du canal montre une fente, *Lett. or*, unique et longitudinale d'une à deux lignes d'ouverture : *psm* désigne la peau extérieure au sillon mamellaire.

Il est parvenu de la baie de Talberg, près de Tréguier, par les soins de M. Le Maout père, beaucoup de renseignemens contradictoires, entre autres, le fait démenti dans une dépêche postérieure, et où l'on affirmait qu'un petit dauphin était encore suspendu à la tétine de sa mère. Le directeur des douanes de Saint-Malo, M. de Carrey, m'en avait écrit *et n'y trouvait qu'une historiette extrêmement agréable dans le genre des Contes de* Perrault (*Lettre sous la date du* 9 *mars*). Il y avait eu sans doute réminiscence chez M. Le Maout, d'une allégation de ce genre dans le sein de l'Académie des sciences, qui fut publiée et

---

(1) Je me suis, mais inutilement, rendu attentif à cet état de choses, pour y rechercher, le cas d'une trace de fatigue en raison de la fréquence des approches. Car c'est le court moment d'union, un acte phénoménal analogue, des circonstances semblables dans l'action, et vraiment tout ce qui se passe dans l'approche du coq et de sa poule, qui réalise l'acte de la lactation des Cétacés : mêmes instincts, besoin, vigueur, prestesse, éjaculation et absorption du liquide éjaculé, dans la semi-conjonction des Cétacés nourrices et de leurs petits.

aussi le lendemain démentie dans les journaux. Un autre renseignement fourni par les dépêches de la côte de Bretagne, c'était que des bouts de sein, essayés sur le frais, laissaient passer le lait par plusieurs petits orifices. La pièce envoyée par M. le Maout contredit cette assertion : elle s'accorde au contraire et avec le bout de sein de baleine par Ruisch, fig .5, et avec les remarques plus anciennes de **J. D. Major**, et enfin avec mes propres observations.

M. Bords du sillon mamellaire renflés, tortueux et disposés sous une apparence de bourrelets.

u. Le bout urétro-mamellaire, accru et prolongé, au point de former une légère saillie entre les bords tortueux du sillon.

or. L'orifice intérieur du réservoir, l'unique pertuis, par où le lait est éjaculé.

psm. Une portion cutanée enceignant le sillon mamellaire.

Fig. V. Bout urétro-mamellaire d'une baleine.

Cette figure donne colossalement, en raison du volume considérable des baleines, le même bout urétro-mamellaire que nous venons de signaler à l'égard des figures 2, 3 et 4, sauf que cet organe *u* est, dans nos figures 2 et 4, vu de face, et que dans la figure 5 il est montré de profil. Les mêmes lettres s'appliquent aux détails correspondans.

Le trajet du lait, *ductus lactiferus*, qui va s'enfoncer entre les couches musculaires, est ici indiqué par deux lignes ponctuées, *Lettre r.*

Fig. VI. Le relief de la mamelle d'une femme.

or, or, or. Multiples méats excréteurs.

———

ADDITION

Pour annoncer un pareil travail au sujet des Monotrêmes.

———

Je prie qu'on se reporte aux remarques placées plus haut, page 28, où j'ai formulé la systématisation des glandes mamellaires, en les rapportant à trois sortes de conditions spéciales que j'ai ainsi dénommées, *Mammaires*, *Monotrémiques* et *Cétacéennes*.

Je vais pouvoir donner au sujet des glandes monotrémiques un travail correspondant à celui du présent opuscule. Deux objets d'un haut prix, surtout eu égard à l'état militant et progressif de la science sur ces questions, viennent de m'être adressées par l'honorable M. le docteur G. Hume Weatherhead, médecin à Londres. Les plus gracieux procédés, les manières les plus aimables ajoutent beaucoup au mérite de ce présent, aussi bien de la part du donateur, que de celle de M. l'amiral Sir Sidney Smith, s'étant employé à me le faire parvenir : j'en présente à tous deux, avec une pleine et parfaite effusion, mes bien vifs remerciemens.

Ces deux objets sont :

1° La peau préparée sèche d'une femelle d'Ornithorinque, où l'on avait mis beaucoup de soins et d'art à soutenir dans leur dessèchement les glandes mamellaires. J'ai trouvé ces glandes composées sur chaque côté de deux paquets glanduleux, venant se confondre au point d'insertion sous la peau. Cette circonstance nouvelle s'accorde avec une précédente observation que j'avais faite en 1827, et qui depuis a été négligée ; c'est le fait de deux méats excréteurs, à droite comme à gauche.

Et 2° le petit poussin de cette même femelle, bien entier et parfaitement conservé dans l'alcool. Ainsi, je vais connaître l'état du ligament suspenseur du foie, considération qui se lie avec les faits d'un cordon ombilical, s'il existe. Jusqu'à présent, mais je n'ai point encore examiné sérieusement et anatomiquement cette pièce, je n'en ai point rencontré de trace.

M. Werner va donner un pendant à son dessin de l'intérieur
de la bouche des marsouins, en représentant les faits correspondans et alors exactement comparatifs de l'intérieur de la bouche
de notre jeune Ornithorinque. Ces deux dessins paraîtront ensemble. Or, je m'attends à des différences qui donneront autrement l'arrangement des organes de l'avalement du lait ; j'y dois
rencontrer des modifications très curieuses qui mèneront à l'é-
tablissement de ce second *système* que j'ai déjà signalé sous le
nom de *système monohémique* (1).

M. Hume Weatherhead m'a de plus envoyé un opuscule de
lui, intitulé *Nouveau synopsis de nosologie fondé sur les principes des théories physiologiques de Bichat.* L'Académie des
sciences a agréé l'hommage de cet intéressant ouvrage, et a décidé de s'en faire rendre compte.

(1) Ce qui plaçait une ordonnée de différenciation entre les mammifères aquatiques et les mammifères terrestres, c'était l'exigence des deux milieux de leur
habitation ; et ce qui procure une telle ordonnée correspondante à l'égard des monotrêmes, c'est le retranchement complet ou entière atrophie de l'artère mésenté-
rique inférieure. Ce caractère ornithologique commence avec les animaux marsupiaux de tous rangs. J'ai ailleurs déjà expliqué les conséquences d'une telle dé-
viation dans le cours du sang. Les monotrêmes qui se ramènent aux marsupiaux, sauf
qu'ils on exagèrent les différences par de plus grands écarts, quant aux mammifères
ordinaires, sont tellement sur la limite des deux classes, *les animaux à poils et
les animaux à plumes*, que les opinions des naturalistes dans l'Australie, sont
que les monotrêmes tiennent des deux familles, et qu'ils sont lactifères et ovi-
pares. Je n'en laisserai point faire la remarque à la rivalité : j'ai peut-être beaucoup trop disserté au sujet de ces curieux animaux. Eh bien ! me voilà tout
prêt à rentrer dans la lice : il suffit qu'il y ait encore à connaître pour que ce me
paraisse un devoir d'agir ainsi, et je m'y consacre.

TABLE DES MATIÈRES.

FIN DE LA TABLE.